Demonstrationsexperimente gestalten

Alexander Pusch · Malte S. Ubben · Paul Schlummer · Julia Welberg

Demonstrations-experimente gestalten

Konzeption und Umsetzung in Theorie und Praxis

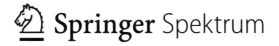 Springer Spektrum

Alexander Pusch
Institut für Didaktik der Physik
Universität Münster
Münster, Deutschland

Paul Schlummer
Institut für Didaktik der Physik
Universität Münster
Münster, Deutschland

Malte S. Ubben
Abteilung Physik und Physikdidaktik
TU Braunschweig, Institut für Fachdidaktik
der Naturwissenschaften
Braunschweig, Deutschland

Julia Welberg
Institut für Didaktik der Physik
Universität Münster
Münster, Deutschland

ISBN 978-3-662-68519-8   ISBN 978-3-662-68520-4   (eBook)
https://doi.org/10.1007/978-3-662-68520-4

Die Deutsche Nationalbibliothek verzeichnet diese Publikation in der Deutschen Nationalbibliografie;
detaillierte bibliografische Daten sind im Internet über ► https://portal.dnb.de abrufbar.

Planung\Lektorat: Caroline Strunz
Springer Spektrum ist ein Imprint der eingetragenen Gesellschaft Springer-Verlag GmbH, DE und ist ein
Teil von Springer Nature.
Die Anschrift der Gesellschaft ist: Heidelberger Platz 3, 14197 Berlin, Germany

Das Papier dieses Produkts ist recycelbar.

Vorwort

Dieses Buch richtet sich vor allem an (angehende) Lehrkräfte, Fachleitungen und Studierende, die die Faszination, die Fachmethodik und die Fachinhalte der Physik durch das Vorführen von Experimenten anderen Menschen näher bringen wollen. Anders als Experimente zum Selbstdurchführen sind die so genannten Demonstrationsexperimente dabei explizit auf das *Vor*führen ausgerichtet und unterscheiden sich daher teilweise deutlich von den erstgenannten. Das Vorführen von Experimenten ist in der Praxis mit ganz unterschiedlichen „Verständnis-Stolpersteinen" für das Publikum und auch ganz pragmatischen Problematiken bei der Gestaltung des Aufbaus verbunden, was in Summe Anlass für verschiedene didaktische Überlegungen bietet.

Wir möchten Ihnen mit diesem Buch sowohl theorie- als auch erfahrungsgestütztes Wissen zu Konzeption, Ausgestaltung, Vorführung und Auswertung von Demonstrationsexperimenten vermitteln. Manche unserer Ausführungen sind bewusst polarisierend geschrieben, um bestimmte Punkte zu verdeutlichen. Die aufgeführten Beispiele und die damit verbundenen teils sehr vereinfachten Aussagen können auch dogmatisch klingen – sie haben aber selbstverständlich keine Allgemeingültigkeit. Vielmehr sollen die Beispiele und Ausführungen Sie dazu anregen, über das Gestalten von Demonstrationsexperimenten nachzudenken, um die möglichen Schwierigkeiten der Lernenden zu antizipieren.

Viele unserer Anregungen und Beispiele stützen sich auf ein universitäres Experimentalpraktikum, welches wir seit dem Jahr 2016 am Institut für Didaktik der Physik an der Universität Münster gestalten und mit den angehenden Physiklehrkräften und unseren Kolleginnen und Kollegen stetig weiterentwickelt haben.

Unser besonderer Dank gilt dabei unseren Kollegen und Freunden *Till-Hendrik Wende* und *Dane-Vincent Schlünz* für ihre zahlreichen Ideen und Anregungen, die wir in dieses Buch mit aufgenommen haben.

Wir gliedern in diesem Buch unsere Betrachtung des Demonstrationsexperiments in die folgenden Bereiche:

— *Welche Rolle hat ein Experiment im Unterricht?* (▶ Kap. 1)
— *Wie kann ein Demonstrationsexperiment aus didaktischer Sicht konzipiert werden?* (▶ Kap. 2)
— *Wie lassen sich Aufbauten aus der Gestaltungsperspektive optimieren?* (▶ Kap. 3)
— *Welche typischen Schwierigkeiten und möglichen Strategien gibt es in der Praxis in den Bereichen Elektrizitätslehre, Optik und Mechanik?* (▶ Kap. 4)
— *Was gibt es bei der Vorführung zu beachten?* (▶ Kap. 5)
— *Welche Vor- und Nachteile haben verschiedene Varianten der Auswertung?* (▶ Kap. 6)
— *Wie lässt sich ein Experiment sicher aufbauen und vorführen?* (▶ Kap. 7)

Wir wünschen Ihnen nun viel Spaß beim Lesen dieses Buches und gutes Gelingen.

Alexander Pusch
Malte S. Ubben
Paul Schlummer
Julia Welberg
Münster
im Jahr 2023

Bildquellen

- Die folgenden Fotos in ▶ Kap. 3 „Das Optimierungspotential von Aufbauten"
  wurden von *Till-Hendrik Wende* erstellt: ◩ Abb. 3.3, 3.4, 3.5, 3.6, 3.7, 3.8, 3.9
  und 3.10.
- Die Fotos ◩ Abb. 4.59 und 4.60 im ▶ Kap. 4 „Aufbauten in der Praxis" wurden
  von *Judith Altemeier* und *Ann-Christin Schluse* erstellt.
- Alle restlichen Fotos und Abbildungen wurden von *Alexander Pusch, Malte S.
  Ubben, Paul Schlummer* und *Julia Welberg* angefertigt.

Inhaltsverzeichnis

Das Experiment im Unterricht

Inhaltsverzeichnis

© Der/die Autor(en), exklusiv lizenziert an Springer-Verlag GmbH,
DE, ein Teil von Springer Nature 2024
A. Pusch et al., *Demonstrationsexperimente gestalten*,
https://doi.org/10.1007/978-3-662-68520-4_1

1

Die modernen Naturwissenschaften sind geprägt durch eine Vielzahl von Arbeitsweisen und Erkenntnismethoden, doch kaum ein Aspekt der naturwissenschaftlichen Erkenntnisgewinnung bestimmt die Wahrnehmung der naturwissenschaftlichen Disziplinen mehr als das Experiment. Dieser Bedeutung entsprechend spielt das Experiment auch im Physikunterricht eine zentrale Rolle, um Fachkonzepte zu erarbeiten und wissenschaftliche Denk- und Arbeitsweisen einzuüben. Das Physikexperiment in der Schule, und insbesondere das Demonstrationsexperiment, unterschiedet sich jedoch in mancherlei Hinsicht von den Experimenten aus der wissenschaftlichen Forschung. Vom Umgang mit solchen „Besonderheiten" handelt dieses Buch.

Dieses einleitende Kapitel dient dazu, sich der Rahmenbedingungen bewusst zu werden, in denen Experimentieren in der Schule stattfindet. Neben der Kenntnis von Forschungsbefunden zum Experimentieren in der Schule ist es dabei sinnvoll, sich auch über den grundlegenden Charakter des Experimentierens in der Schule Gedanken zu machen, um sich der potentiellen Fallstricke von Lernenden bewusst zu werden.

1.1 Das „Erzeugen" von Phänomenen

Die allgemeinen Formulierungen der physikalischen Gesetzmäßigkeiten basieren stets auf modellhaften Idealisierungen der Realität. Dementsprechend lassen sie sich nie in „Reinform" in der Natur beobachten. Ein wesentliches Ziel von Experimenten in der Forschung sowie in der Lehre ist es daher, zunächst einmal geeignete Rahmenbedingungen herzustellen, um das Phänomen möglichst ungestört studieren zu können. Der Wissenschaftsphilosoph *Ian Hacking* beschreibt den daran anschließenden Prozess als eine wechselseitige Optimierung von Experiment und Modellierung (Hacking, 1992): Ist das zugrundeliegende Phänomen erst einmal hinreichend gut untersucht, können entsprechende Apparate in der Regel stetig verbessert werden, um das gewünschte Phänomen zuverlässiger reproduzieren und es noch eingehender studieren zu können.

Die Phänomene, die im Schulkontext betrachtet werden, sind forschungsseitig in der Regel bereits gut verstanden. Entsprechend viel Wissen über das Phänomen und seine Präparation kann in die Konstruktion des Experiments einfließen.[1] Millikans Aufbau zum berühmten Öltröpfchen-Experiment etwa, der 1910 einen ganzen Labortisch ausfüllte, ist heute nicht mehr viel größer als ein typisches Lichtmikroskop.[2] Mit diesem Aufbau kann in der Schule das damals nobelpreiswürdige Experiment mit zufriedenstellenden Ergebnissen durchgeführt werden. Um solche „Plug and Play"-Aufbauten soll es in diesem Buch jedoch nicht gehen. Vielmehr stehen die Experimente im Vordergrund, bei denen Sie selbst Ihr fachliches und didaktisches Wissen in den Aufbau, die Gestaltung und die Durchführung eines Experiments einfließen lassen müssen.

Das Herstellen von möglichst idealen Bedingungen kann in der Lehre jedoch auch kontraproduktiv sein, da hochgradig idealisierte Experimente wenig Bezug zur Lebenswelt der Lernenden aufweisen. Viele entsprechend optimierte Gerätschaften, an deren Umgang die Lehrkraft längst gewöhnt ist, sind für die Lernenden eine „Blackbox", die ihnen ausschließlich im Physikraum begegnet. Als Lehrkraft müssen Sie daher selbst abwägen, welcher Grad an Idealisierung für die zuverlässige Erzeugung des intendierten Ergebnisses notwendig und für die Lernenden nachvollziehbar ist und wie sich ein Bezug zur Lebenswelt der Lernenden herstellen lässt. Anders als in Forschungskontexten ist dabei nicht nur relevant, dass das Experiment tatsächlich funktioniert, sondern zusätzlich auch im Aufbau möglichst einfach nachvollziehbar und in der Durchführung strukturiert gestaltet wird. Zu den genannten Aspekten finden Sie in diesem Buch sowohl theoretische Leitlinien als auch praktische Tipps für konkrete Umsetzungen in verschiedenen Bereichen.

1.2 Ist ein Experiment automatisch lernförderlich?

Viele fachdidaktische Studien haben sich mit der Rolle, der Umsetzung und der Wirkung von Experimenten beschäftigt. Nachfolgend werden einige Studien und ihre Ergebnisse gezielt herausgegriffen, um wichtige Erkenntnisse darzustellen, bevor konkrete Praxisbeispiele thematisiert werden können. Dabei ist aber unbedingt anzumerken, dass die hier diskutierten Aussagen nur einen kleinen Teil der Forschungsliteratur widerspiegeln und das Gesamtbild der Forschungslage weitaus facettenreicher ist als hier dargestellt. Es gibt zudem auch gegensätzliche Ergebnisse. *Experimentieren ist nicht gleich Experimentieren!*

Stark verallgemeinert hat das Demonstrationsexperiment einen eher hohen zeitlichen Anteil im Physikunterricht. Oftmals wird dabei (Frontal-)Unterricht um ein

---

1   Aus genau diesem Grund mag man möglicherweise einwenden, dass in der Schule gar nicht wirklich „experimentiert" werde, da sich die entsprechenden Handlungen gar nicht in einem echten Forschungskontext abspielen. Deshalb könnte man zurecht den Standpunkt vertreten, dass das Nachstellen bereits bekannter Ergebnisse und Zusammenhänge treffender mit dem Begriff „Versuch" zu betiteln wäre. Da es in diesem Buch jedoch grundsätzlich um das Handeln in Lehr-Lern-Kontexten geht, wird diese begriffli-

che Problematik nicht weiter vertieft und die Begriffe *Versuch* und *Experiment* werden weitgehend synonym verwendet.

2   Dieses Beispiel aus der Wissenschaftsgeschichte verdanken wir dem kollegialen Austausch mit Susanne Heinicke und einem Vortrag von Peter Heering auf der GDCP-Jahrestagung 2023 in Hamburg.

Demonstrationsexperiment „herum" gestaltet. Hierbei können dann sogar bis zu zwei Drittel der Unterrichtszeit im Kontext des Experiments stehen (s. zu den Aussagen u. a. IPN-Videostudie: Tesch & Duit, 2004; TIMSS-Studie: Klieme et al., 2001; Börlin, 2012).

Die Wahl zwischen Schülerexperiment und Demonstrationsexperiment wird oftmals von verschiedenen Randbedingungen beeinflusst (s. auch ▶ Kap. 2). Für den Lernerfolg kann es zum Teil auch irrelevant sein, ob eigenständig im Schülerexperiment experimentiert wird oder ob beim Vorführen eines Demonstrationsexperiments zugeschaut wird (Winkelmann & Erb, 2013). Auch zeigt sich in manchen Studien leider, dass nicht alle Lehrkräfte in der Lage sind, Experimente effektiv – also wirklich lernförderlich – einzusetzen (z. B. Prenzel et al., 2002). Weder längere Experimentierzeit noch der vermehrte Einsatz von Schülerexperimenten führen daher zwangsweise zu größerem Unterrichtserfolg oder höherem Interesse (Seidel et al., 2006; Winkelmann & Erb, 2013).

Sucht man nach Gründen für diese Befunde, zeigt sich unter anderem, dass Schülerinnen und Schüler den Zweck des Experimentierens oftmals gar nicht verstehen (Abrahams & Millar, 2008; Börlin, 2012). Die Hinführung zum Experiment *(Worum geht es? Warum wird experimentiert?)* und die Auswertung und Diskussion der Ergebnisse *(Welche Schlüsse lassen sich ziehen?)* kommen oft zu kurz. Die denkbaren Gründe hierfür sind vielfältig, sei es beispielsweise, weil es dann schon zur Pause klingelt, oder weil das Experiment gar nicht passend zum Stundenziel gewählt wurde. Eine Kernerkenntnis vieler Studien ist, dass die Einbettung in den Unterricht ausschlaggebend für die lernförderliche Wirkung von Experimenten ist (z. B. Singer, Susan R., Hilton, Margaret L. und Schweingruber, 2006; Tesch & Duit, 2004).

> **Fazit**
> Der Einsatz eines Experiments im Unterricht ist nicht automatisch ein Garant für Lernerfolg oder Interesse. Unterricht wird nicht automatisch „gut", nur weil ein Experiment vorhanden ist. Stattdessen ist die Einbettung in den Unterricht ausschlaggebend für die lernförderliche Wirkung. Hierzu gehören vor allem:
> - **Hinführung:** Was sind Ziel und Zweck des Experiments und des Experimentierens?
> - **Durchführung:** Die passende Auswahl des Experiments, seine Zugänglichkeit und Gestaltung.
> - **Auswertung/Transfer:** Das Ableiten von Schlüssen und die Verknüpfung mit weiterem Wissen.

1.3 Lieber Schüler- statt Demonstrationsexperiment?

Schülerexperimenten wird häufig aufgrund der selbstständigen Handlungsmöglichkeiten allgemein eine höhere Lernwirksamkeit zugeschrieben. Demonstrationsexperimente hingegen werden manchmal nur als „Notlösung" angesehen, wenn Zeit oder Material fehlen, es den Lernenden an experimentellen Fähigkeiten oder Disziplin fehlt oder das Experiment gefährlich ist. So einfach ist die Unterscheidung allerdings nicht!

Gut eingesetzte Demonstrationsexperimente können ein ganz eigenes, großes didaktisches Potenzial besitzen:
- Als Publikum können den Lernenden mehr kognitive Ressourcen für konzentrierte Beobachtung und Verarbeitung zur Verfügung stehen.
- Die Lehrkraft kann gezielt die Aufmerksamkeit der Lernenden lenken und so Hilfestellungen zum besseren Verständnis geben.
- Experimentelle Kompetenzen (z. B. zum Herstellen eines funktionierenden Aufbaus, Durchführen der experimentellen Handlungen) können von der Lehrkraft dargestellt und explizit erläutert werden.
- Technisch anspruchsvolle, aber irrelevante Tätigkeiten können den Lernenden abgenommen werden, um sich auf andere Aspekte zu konzentrieren.
- Die gemeinsame Besprechung des Experiments, der Ergebnisse sowie z. B. auch der Variationsmöglichkeiten kann den Lernenden das Ziehen korrekter Schlussfolgerungen ermöglichen.

Durch den (geschickten) Einsatz von Demonstrationsexperimenten lassen sich verschiedene Kompetenzen aufseiten der Lernenden ansprechen (Kultusministerkonferenz, 2020, S. 11), z. B.:

Die Schülerinnen und Schüler…
- S1: erklären Phänomene unter Nutzung bekannter physikalischer Modelle und Theorien,
- E1: identifizieren und entwickeln Fragestellungen zu physikalischen Sachverhalten,
- E2: stellen theoriegeleitet Hypothesen zur Bearbeitung von Fragestellungen auf,
- E8: beurteilen die Eignung physikalischer Modelle und Theorien für die Lösung von Problemen,
- K3: entnehmen unter Berücksichtigung ihres Vorwissens aus Beobachtungen, Darstellungen und Texten relevante Informationen und geben diese in passender Struktur und angemessener Fachsprache wieder,
- K9: tauschen sich mit anderen konstruktiv über physikalische Sachverhalte aus, vertreten, reflektieren und korrigieren gegebenenfalls den eigenen Standpunkt.

1

Damit Lehrkräfte Experimente als Demonstrations- und Schülerexperimente gewinnbringend einsetzen können, müssen sie aber auch selbst über verschiedene Kompetenzen verfügen (vgl. z. B. die Studien Deutsche Physikalische Gesellschaft, 2014; Frühwein & Heinke, 2005; Helmke, 2012). Neben den ganz offensichtlichen notwendigen fachlichen Kenntnissen spielen vor allem Fähigkeiten in den folgenden Bereichen eine große Rolle (in Anlehnung an z. B. Deutsche Physikalische Gesellschaft, 2014, S. 47):

(1) Erläuterung fachlicher Sachverhalte mit sprachlichen und visuellen Mitteln unter Berücksichtigung des Vorverständnisses der Lernenden,

(2) Reflexion und Überprüfung des Einsatzes von Experimenten und Medien im Unterricht sowie zur Weiterentwicklung eigener Fertigkeiten im Umgang mit Experimentiermaterialien,

(3) Auswahl von Experimenten und Medien sowie deren Einbindung in geeignete Einsatzkontexte,

(4) fachbezogene Kommunikation und Vermittlung von Fachinhalten,

(5) Planen und Gestalten von Lernumgebungen mit Experimenten.

Gerade zu dem letzten Aspekt möchten wir in diesem Buch theoretische Impulse und praktische Beispiele als Anregung geben.

1.4 Die Überzeugungskraft von Experimenten

Demonstrationsexperimente können im Schulunterricht nicht nur eingesetzt werden, um neue Phänomene fassbar zu machen und auf anschauliche Art in den Physikraum zu bringen. Sie bieten auch eine Möglichkeit, das Alltagsverständnis von Schülerinnen und Schülern zu einer fachlich angemessenen Vorstellung von physikalischen Phänomenen weiterzuentwickeln oder inadäquaten Vorstellungen durch Erzeugung eines kognitiven Konflikts zu begegnen.[3] Experimente müssen dafür aber in vielerlei Hinsicht gut vorbereitet, durchgeführt und ausgewertet werden. Die Lehrkraft sollte dabei im Hinterkopf behalten, dass Phänomene und Beobachtungen von Lernenden mit einem anderen Kenntnisstand nicht immer so wahrgenommen werden, wie dies vielleicht erwartet wird. Je nach Experiment und Vorwissen können sogar inadäquate Vorstellungen verfestigt oder neu gebildet werden.

---

3   Hierzu ist es natürlich notwendig, typische Vorstellungen von Lernenden zum betreffenden Thema vorab zu kennen und zu berücksichtigen. Ein umfassender Überblick findet sich hierzu in (Schecker et al., 2018). Wir verwenden für diese Vorstellungen in diesem Buch den aktuell noch üblichen Begriff der *Schüler*vorstellungen. Dieser Begriff soll aber nicht implizieren, dass diese Vorstellungen nur auf Schülerinnen und Schüler beschränkt sind.

Inwiefern experimentelle Ergebnisse also „für sich selbst sprechen" und eindeutig überzeugen, möchten wir in den folgenden Beispielen des Kapitels diskutieren.

1.4.1 Gibt es „schlechte" Experimente?

Das nachfolgende Beispiel in ◘ Abb. 1.1 zeigt einen ungünstigen Aufbau zur Leitfähigkeit von Wasser. Stellen Sie sich nun vor, dass dieser Aufbau mit den folgenden, wenig hilfreichen Erklärungen von der Lehrperson vorgeführt wird:

„Ja, also hier wollen wir einmal sehen, wie die Leitfähigkeit von Wasser ist. Hier hab ich so 'ne Schaltung, da ist das Netzteil und hier Wasser. Da seht ihr ja, wenn ich die Kabel da rein halte, dann leuchtet die Lampe erst mal nicht. Wenn ich jetzt aber Salz rein schütte, dann könnt ihr ja sehen, wie die Lampe da etwas leuchtet. Also wir sehen, dass das Wasser leitet, wenn da ausreichend Ionen drin sind."

Vermutlich würde das so durchgeführte und erläuterte Experiment wenig zum Verständnis des Sachverhalts beitragen. Es bleiben Fragen offen wie z. B.

- *Wie hat die Schaltung funktioniert?*
- *Wann leuchtet die Lampe und was bedeutet dies für Leitfähigkeit von Wasser?*
- *Warum leitet Wasser manchmal und manchmal nicht?*

Der gezeigte Aufbau ist zunächst einmal recht unübersichtlich (s. dazu auch ► Kap. 3). Zudem wird hier stark vereinfacht das Bestehen von elektrischer Leitfähigkeit mit dem Leuchten der Glühlampe gleichgesetzt. Da die Glühlampe erst ab einer gewissen Stromstärke gut sichtbar zu leuchten beginnt, werden möglicherweise falsche Schlüsse bezüglich der Leitfähigkeit gezogen. Der Aufbau ist also diesbezüglich nicht gut geeignet.

Zusätzlich sollte die Lernendenperspektive bedacht werden: Lernenden kann aus dem Alltag bereits bekannt sein, dass Wasser „Strom leitet" und dies zu gefährli-

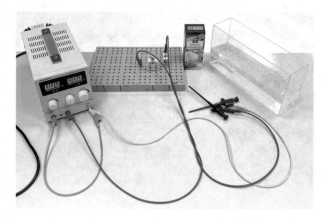

◘ **Abb. 1.1**   Ein „schlechter" Aufbau zur Leitfähigkeit

chen Situationen führen kann (z. B. Baden bei Gewitter, elektrische Geräte nahe der Badewanne etc.). Hier wird nun zunächst „nicht leitendes" Wasser präsentiert. Möglicherweise handelt es sich um destilliertes Wasser? Oder die Leitfähigkeit ist schlicht zu gering, um bei der gewählten Spannung eine Glühlampe zum Leuchten zu bringen. Die Beobachtung im Experiment widerspricht also der physikalisch korrekten Alltagserfahrung der Lernenden, dass „normales" Wasser üblicherweise „Strom leitet". Das Experiment löst hier einen ungeeigneten kognitiven Konflikt aus und führt in der – zugegebenermaßen sehr karikiert dargestellten Form – eher zu Verwirrung.

Weiterhin ergibt sich die gebrachte Erklärung (der im Wasser vorhandenen Ionen) nicht aus dem Experiment, sondern ist in diesem Zusammenhang zunächst eine isolierte Zusatzinformation. Im Grunde hätte man also die Information, dass Wasser umso besser leitet, je mehr freie Ionen darin enthalten sind, auch einfach sagen bzw. an die Tafel schreiben können.

1.4.2 Erwartungen beeinflussen unsere Schlüsse

Schülerinnen und Schüler besitzen bereits vor dem Unterricht eigene Ideen und Interpretationsrahmen, mit denen sie in den Unterricht kommen. Diese Konzepte werden oft *Schülervorstellungen* genannt (Schecker et al., 2018). Manchmal werden sie in der Literatur auch als *Präkonzepte*, *Alltagsvorstellungen* oder *mentale Modelle* bezeichnet. Diese Vorstellungen sind nicht immer anschlussfähig oder förderlich und können den Lernenden kognitive Hürden in den Weg stellen. Da sie sich häufig aus Alltagserfahrungen entwickeln und sich aus teilweise sogar gut funktionierenden Denkmustern ergeben (diSessa, 1988), sind fachlich unangemessene Schülervorstellungen häufig sehr schwer zu überwinden. Ein Experiment oder eine Erklärung hat daher meist nur kurzfristig Auswirkung auf die bestehenden, tief verankerten Konzepte der Lernenden. Trotzdem können durch einen gut sichtbar gemachten Effekt oder ein gut erkennbares Phänomen Erfahrungen mittels Experimenten geschaffen werden, die beim Hinterfragen und Weiterentwickeln der eigenen Vorstellungen helfen.

Da sich viele Schülervorstellungen auf tief verankerte und in der Alltagserfahrung immer wieder scheinbar bestätigte Grundannahmen stützen, beeinflussen sie auch die Wahrnehmung in großem Maße. Der Effekt, dass das kognitive System uns bestimmte Wahrnehmungen vorenthält oder wir bestimmte Erwartungen irrtümlich bestätigt sehen, wird als *confirmation bias* bezeichnet. Die wohl berühmteste Demonstration von *confirmation bias* ist das „*Gorilla-Experiment*" (Simons & Chabris, 1999): Eine Person wird angewiesen, zwei Teams beim Ballspielen zu beobachten, von denen das eine Team schwarz und das andere weiß angezogen ist. Die Aufgabe besteht darin, zu zählen, wie oft sich die weiß gekleideten Teammitglieder den Ball hin und her spielen. Diese Aufgabe wird von den Probandinnen und Probanden meist mit Bravour gelöst. Allerdings fällt ungefähr der Hälfte der Personen gar nicht auf, dass zwischendurch eine als Gorilla verkleidete Person ins Bild schlendert, im Zentrum stehen bleibt und sich mehrmals übertrieben auf die Brust klopft. Dies demonstriert, wie die eigene Voreinstellung uns beeinflussen und sogar irreführen kann.

Das Berücksichtigen von *confirmation bias* ist vor allem dann wichtig, wenn Schülervorstellungen anhand eines Experiments als physikalisch unangemessen oder unpräzise herausgestellt werden sollen. Was der Lehrkraft wie eine eindeutige und unzweifelhafte Widerlegung vorkommen mag, kann von den Lernenden vor dem Hintergrund ihrer tief verankerten Deutungsschemata völlig anders wahrgenommen oder interpretiert werden.

Wer beispielsweise der Meinung ist, dass im elektrischen Stromkreis der Strom zunächst von der Quelle durch die Schaltung zum Verbraucher hin fließen muss, wird der internen Logik dieser Annahme gemäß zu dem Schluss kommen können, dass in einer Reihenschaltung aus zwei Glühlampen nach dem Einschalten eine von beiden früher zu leuchten beginnen müsste als die andere. Auch nach Durchführung eines entsprechenden Experiments mit einer realen Schaltung könnte diese Person überzeugt sein, dies auch beobachtet zu haben. Es ist schwierig, diese vermeintliche Beobachtung zu widerlegen, denn der Einschaltvorgang lässt sich im Experiment zeitlich schlecht erfassen. Das eigene inadäquate Konzept bestimmt die Wahrnehmung und bestätigt sich selbst.

Eine ähnliche Problematik besteht auch dann, wenn bspw. gezeigt werden soll, dass die Stromstärke innerhalb derselben Reihenschaltung weder „verbraucht" wird noch abnimmt. Es scheint naheliegend, hier auf die Beobachtung zu verweisen, dass beide Glühlampen in der Schaltung gleich hell leuchten. Auch hier ist die Wahrnehmung der Helligkeit jedoch sehr subjektiv und kann von den jeweils eigenen Erwartungen vorgeprägt werden. Hinzu kommt, dass sich die Lampen durch fertigungs- oder alterungsbedingte Unterschiede sogar tatsächlich in ihrer Helligkeit unterscheiden können (◘ Abb. 1.2). Eine bewusst oder unbewusst vorhandene Stromverbrauchsvorstellung könnte hier bestätigt werden und dazu führen, dass das Experiment entsprechend interpretiert wird.

Auch mit dem Einsatz vermeintlich objektiverer Messmethoden lässt sich das Problem des *confirmation bias* nicht zwingend umgehen. In ◘ Abb. 1.3 ist beispielsweise eine Schaltung mit zwei Amperemetern gezeigt, die die Stromstärke „vor" und „hinter" einer Glühlampe messen sollen. Mit dem Aufbau soll gezeigt

◻ **Abb. 1.2**   Ein einfaches Experiment zur Reihenschaltung. Es ist schwer einzuschätzen, ob beide Lampen tatsächlich gleich hell leuchten

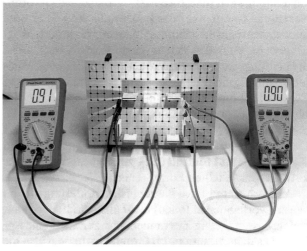

◻ **Abb. 1.4**   Die Stromstärke wird vor und hinter der Lampe gemessen. Die Anzeige weicht an der „letzten Stelle" ab, sodass hier auf einen Strom„ verbrauch" geschlossen werden könnte

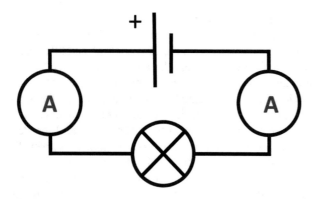

◻ **Abb. 1.3**   Ein schnell gemachtes Experiment zum „Stromverbrauch"

◻ **Abb. 1.5**   Bei der Wahl von analogen Anzeigen kann die „letzte Stelle" nicht so genau abgelesen werden. Eine etwaige Abweichung ist nicht so plakativ sichtbar

werden, dass die Glühlampe keinen Strom „verbraucht". In einer realen Umsetzung dieser Schaltung kann es durchaus passieren, dass die Anzeigen nicht exakt die gleiche Stromstärke anzeigen (◻ Abb. 1.4). Was für erfahrene Personen, wie z. B. Lehrkräfte, eine zu vernachlässigende Abweichung im Rahmen von erwartbaren Messunsicherheiten darstellt, kann von weniger stark physikalisch vorgeprägten Personen als bedeutsame Abweichung interpretiert werden. Personen, die eine Verbrauchsvorstellung haben, können den Schluss ziehen, dass wohl doch etwas Strom „verbraucht" wird.

In manchen Situationen kann es sinnvoll sein, dieses Phänomen aufzugreifen und die Genauigkeit von Messgeräten zu diskutieren. Als Alternative könnten aber auch analoge Demonstrationsmultimeter verwendet werden, wo kleinere Unterschiede der Messwerte nicht direkt ins Auge fallen (◻ Abb. 1.5).

Fazit

Anhand dieser Beispiele wird nachvollziehbar, welche Hürden im Unterricht auftreten könnten. Ein Experiment überzeugt nicht automatisch. Da unser Wissen und unsere Erklärschemata konstruktivistisch und individuell gebildet werden, wirken einzelne Informationen und Schlüsse, die wir aus Experimenten ziehen, auch unterschiedlich auf unsere Konzeptbildung. Dies gilt sowohl für Lernende mit vom Alltag geprägten Vorstellungen als auch für Lernende mit spezifischem Vorwissen aus dem Physikstudium!

Vor dem Hintergrund der hier diskutierten Fallstricke gewinnt die eingehende Diskussion der Beobachtungen und experimentellen Ergebnisse zusätzlich an Bedeutung. Planen Sie für diesen Schritt ausreichend Zeit ein, insbesondere wenn zu dem Thema typische Schülervorstellungen mit entsprechenden Lernschwierigkeiten zu erwarten sind.

Literatur

Abrahams, I., & Millar, R. (2008). Does practical work really work? A study of the effectiveness of practical work as a teaching and learning method in school science. *International Journal of Science Education*, 30(14), 1945–1969. ▶ https://doi.org/10.1080/09500690701749305.

Börlin, J. (2012). *Das Experiment als Lerngelegenheit: Vom interkulturellen Vergleich des Physikunterrichts zu Merkmalen seiner Qualität*. Logos.

Deutsche Physikalische Gesellschaft. (Hrsg.). (2014). *Zur fachlichen und fachdidaktischen Ausbildung für das Lehramt Physik*. ▶ https://www.dpg-physik.de/veroeffentlichungen/publikationen/studien-derdpg/pix-studien/studien/lehramtstudie-2014.pdf. Zugegriffen: 31. Aug. 2023

diSessa, A. (1988). Knowledge in pieces. In G. Forman & P. Pufall (Hrsg.), *Constructivism in the computer age* (S. 49–71). Lawrence Erlbaum.

Frühwein, O., & Heinke, H. (2005). *Entwicklung eines berufsfeldorientierten Anfängerpraktikums für Studierende des Lehramts Physik – Konsequenzen einer Umfrage unter Studienreferendarinnen und Studienreferendaren*. Didaktik der Physik – Beiträge zur DPG Frühjahrstagung.

Hacking, I. (1992). The self-vindication of the laboratory sciences. In A. Pickering (Hrsg.), *Science as practice and culture* (S. 29–64). University of Chicago Press.

Helmke, A. (2012). *Unterrichtsqualität und Professionalisierung: Diagnostik von Lehr-Lern-Prozessen und evidenzbasierte Unterrichtsentwicklung*. Klett Kallmeyer.

Klieme, E., Baumert, J., Baptist, P., Blum, W., Bos, W., Doll, J., Knoll, S., Köller, O., Prenzel, M., Schecker, H., Schümer, G., Trautwein, U., & Watermann, R. (2001). *TIMSS – Impulse für Schule und Unterricht (Bundesministerium für Bildung und Forschung, Hrsg.)*.

Kultusministerkonferenz. (Hrsg.). (2020). *Bildungsstandards im Fach Physik für die Allgemeine Hochschulreife: Beschluss vom 18.06.2020*. ▶ https://www.kmk.org/fileadmin/Dateien/veroeffentlichungen_beschluesse/2020/2020_06_18-BildungsstandardsAHR_Physik.pdf. Zugegriffen: 31. Aug. 2023.

Prenzel, M., Seidel, T., Lehrke, M., Rimmele, R., Duit, R., Euler, M., Geiser, H., Hoffmann, L., Müller, C., & Widodo, A. (2002). Lehr- Lernprozesse im Physikunterricht – eine Videostudie. In M. Prenzel & J. Doll (Hrsg.), *Bildungsqualität von Schule: Schulische und außerschulische Bedingungen mathematischer, naturwissenschaftlicher und überfachlicher Kompetenzen* (S. 139–156). Beltz.

Schecker, H., Wilhelm, T., Hopf, M., & Duit, R. (2018). *Schülervorstellungen und Physikunterricht: Ein Lehrbuch für Studium, Referendariat und Unterrichtspraxis*. Springer. ▶ https://doi.org/10.1007/978-3-662-57270-2.

Seidel, T., Prenzel, M., Rimmele, R., Dalehefte, I. M., Herweg, C., Kobarg, M., & Schwindt, K. (2006). Blicke auf den Physikunterricht. Ergebnisse der IPN Videostudie. *Zeitschrift für Pädagogik*, *52*, 799–821.

Simons, D. J., & Chabris, C. F. (1999). Gorillas in our midst: Sustained inattentional blindness for dynamic events. *Perception, 28*(9), 1059–1074. ▶ https://doi.org/10.1068/p281059.

Singer, S. R., Hilton, Margaret, L., & Schweingruber, H. A. (2006). *America's lab report: Investigations in high school science*. National Academies Press.

Tesch, M., & Duit, R. (2004). Experimentieren im Physikunterricht – Ergebnisse einer Videostudie. *Zeitschrift für Didaktik der Naturwissenschaften*, *10*, 51–69.

Winkelmann, J., & Erb, R. (2013). Lernzuwachs durch Demonstrations- und Schülerversuche. *PhyDiD B – Didaktik der Physik – Beiträge zur DPG Frühjahrstagung*.

Didaktische Konzeption von Demonstrationsexperimenten

Inhaltsverzeichnis

© Der/die Herausgeber bzw. der/die Autor(en), exklusiv lizenziert an Springer-Verlag
GmbH, DE, ein Teil von Springer Nature 2024
A. Pusch et al., *Demonstrationsexperimente gestalten*,
https://doi.org/10.1007/978-3-662-68520-4_2

Um das Potential von Demonstrationsexperimenten im Unterricht nutzen zu können, sollen zunächst einige didaktische Rahmenüberlegungen getätigt werden:

- *Wieso wird in bestimmten Situationen experimentiert?*
- *Welche Ziele kann ein Experiment verfolgen?*
- *Wie kann die Relevanz eines Experiments herausgestellt werden?*

2.1 Experimentieren um zu experimentieren?

Ein Experiment sollte nicht einfach in den Unterricht eingebaut werden, weil es ein Experiment zum Thema gibt und ein Experiment „schließlich dazugehört". Wir betrachten folgendes Negativbeispiel:

„Guten Morgen! Heute wollen wir herausfinden, wie groß die Erdbeschleunigung eigentlich ist. Hier im Aufbau haben wir ein Pendel. Nun messen wir mal die Schwingungsdauer, die beträgt […] das trage ich gleich mal in die Tabelle ein […] Damit kommen wir jetzt auf einen Wert von $g = 8,5\,\mathrm{m}\cdot\mathrm{s}^{-2}$ – das ist ja schon gar nicht so schlecht. Eigentlich hätte da aber $9,81\,\mathrm{m}\cdot\mathrm{s}^{-2}$ herauskommen müssen. Dann schreiben wir jetzt mal auf […]"

Anhand eines solchen Vorgehens wird es Lernenden vermutlich schwerfallen, den Sinn und Zweck des Experimentierens zu verstehen, geschweige denn die Bedeutung von Ergebnissen in einem größeren Zusammenhang nachvollziehen zu können. Wissen, das auf diese Art und Weise erlangt wird, ist dann bestenfalls „träges Wissen", das schwerlich auf andere Fälle übertragen und angewendet werden kann (vgl. z. B. Renkl, 1996).

Wie der Aufbau für das Experiment aussieht und welcher Wert für die Erdbeschleunigung zu erwarten ist, hätte vermutlich mindestens genau so gut (wenn nicht gar schneller und besser) aus einem Buch oder einem Wikipedia-Artikel gelernt werden können. Zudem stellt sich nun die offensichtliche Frage, warum das Ergebnis vom Literaturwert abweicht und warum es trotzdem „gar nicht so schlecht" sein soll.

Ein Mehrwert des Experiments, durch den der notwendige Aufwand gerechtfertigt werden kann, ist also nicht automatisch gegeben. Vielmehr muss dieser Mehrwert durch eine sinnvolle Umsetzung des Experiments selbst und durch eine zielführende und fokussierte Einbettung in den weiteren Unterricht durch die Lehrperson sichergestellt werden. Dazu ist es insbesondere wichtig, die Experimentiersituation in einen nachvollziehbaren und authentischen inhaltlichen *Kontext* einzubetten (vgl. z. B. Duit & Mikelskis-Seifert, 2007) und eine im gewählten Kontext sinnvolle *übergreifende Problemstellung* bzw. *Fragestellung* abzuleiten (vgl. Fischknecht-Tobler & Labudde, 2019, S. 135; Leisen, 2011). Je nach Problemstellung ergeben sich dann wiederum verschiedene denkbare *didaktische Funktionen,* die das Experiment in diesem Rahmen erfüllen kann. Die intendierte didaktische Funktion des Experiments bestimmt dann die konkrete Ausgestaltung der Experimentierphase, wie bspw. im Experiment zu untersuchende Zusammenhänge und die Wahl der entsprechenden Messmethoden.

2.2 Die übergeordnete Fragestellung

Für das Verstehen des Experiments ist es für die Lernenden hilfreich, wenn die Handlungen des Experiments in einem relevanten Bezug zu einer Fragestellung bzw. zu einer Hypothese stehen. Diese Fragestellungen bzw. Hypothesen können z. B. Bezüge innerhalb der Physik, zum Alltag oder auch zu Naturphänomenen herstellen. Wichtig ist, dass sie mit der Lerngruppe zusammen begründet und nachvollziehbar erarbeitet werden, und dass die Lernenden die Relevanz dieser Fragestellung nachvollziehen können. Idealerweise wird dabei Bezug auf Themen und Probleme genommen, die für die Lernenden auch eine persönliche Bedeutung besitzen. Eine möglichst spannend, überraschend oder attraktiv gestaltete übergeordnete Fragestellung kann unter Umständen auch die Aufmerksamkeit und das situationale Interesse der Lernenden erhöhen. Dafür gibt es mehrere Möglichkeiten, z. B.:

- Stellen Sie zu Beginn eine relevante und interessante Fragestellung aus dem Alltag **(Lebensweltbezug).**
  Beispiel: *„Warum hören sich Geräusche im Schwimmbad unter Wasser anders als an Land an?"*
- Erzählen Sie eine spannende Geschichte als Einstieg oder als Rahmen **(Storytelling).**
  Beispiel: *„König Hieron hatte zwei Kronen. Äußerlich sahen beide identisch aus – doch eine war eine Fälschung! Welche der beiden Kronen war nun aus echtem Gold? Um das herauszufinden, überlegte sich Archimedes…"*
- Binden Sie die Lernenden mit ein, z. B. in Form eines **Quiz.**
  Beispiel: *„Ich habe hier zwei Bälle die gleich aussehen, aber unterschiedlich schwer sind. Was meint ihr, wenn ich nun beide fallen lasse…"*
- Initiieren Sie einen kognitiven Konflikt, z. B. durch einen **verblüffenden Effekt.**
  Beispiel: *„Warum bewegt sich das Papier nach oben wenn ich dagegen puste?"*
- Bauen Sie **überraschende Momente** und Wendungen ein.

Ist die übergeordnete Fragestellung eines Experiments herausgearbeitet, gilt es, die zu untersuchenden Aspekte im Experiment entsprechend auszuformulieren und der Lerngruppe transparent zu machen. Selbst wenn es darum geht, sich explorativ einem Phänomen per Experiment zu nähern, muss das Ziel der experimentellen Handlungen nachvollziehbar und klar sein. Die zu untersuchenden Aspekte sind dabei konkreter gefasst als die übergreifende inhaltliche Fragestellung.

In einer Einführungsstunde zum Thema Magnetismus könnte die übergeordnete Fragestellung aus dem Alltag bspw. lauten: *„Warum haftet ein Kühlschrankmagnet nur an bestimmten Gegenständen?"*. Zur Beantwortung dieser allgemeinen Frage muss sie im Rahmen des Experiments aber noch konkreter gefasst werden, z. B. *„Welche der gegebenen Gegenstände werden vom Magneten angezogen? Was haben diese Gegenstände gemeinsam?"*. Diese beiden Fragestellungen lassen sich konkret experimentell bearbeiten und können danach für Schlussfolgerungen bzgl. der übergreifenden Fragestellung genutzt werden.

In vielen Experimenten sind der Lehrkraft die zu untersuchenden Aspekte vollkommen offensichtlich: Worum soll es bspw. schon gehen, wenn im Experiment die Stromstärken bei unterschiedlichen Spannungen an einem Ohm'schen Widerstand gemessen werden?[1] Den Lernenden könnte die hier zugrundeliegende Fragestellung aber in vielen Fällen nicht immer so klar sein, wie sie es vermeintlich sein sollte. Insbesondere bei physikalischen Inhalten, auf die erst durch Experimente geschlossen werden soll, die stark durch Schülervorstellungen geprägt sind oder die ihren Erwartungen widersprechen, fehlt den Lernenden verständlicherweise das umfassende Wissen der Lehrkraft.

Bevor also zum Experiment überhaupt übergeleitet wird, sollte die zu untersuchende Fragestellung (aus dem vorherigen Unterricht) hergeleitet und expliziert werden. Sobald dann für die Lernenden verständlich ist, *WAS* die Fragestellung ist, die mit dem Experiment geklärt werden soll, dann können auch der Aufbau, die Durchführung und die Auswertung, also das *WIE* besser verstanden werden. Mit diesem Wissen ist dann meist auch schon der Aufbau deutlich besser nachzuvollziehen, bevor es überhaupt um Durchführung und Ergebnisse geht. Es schadet in der Regel auch nicht, während das Experiment durchgeführt wird, an geeigneten Stellen noch einmal auf die Fragestellung und die konkret zu untersuchenden Aspekte zu verweisen.

2.3 Didaktische Funktionen

Bevor ein Experiment ausgewählt, ausgestaltet und eingesetzt wird, sollte bereits geklärt sein, welche didaktischen Funktionen das Experiment in der konkreten Unterrichtssituation und in Hinblick auf die übergreifende Fragestellung erfüllen soll. Die konkreten Funktionen, die ein Experiment im Unterricht erfüllen kann,

sind äußerst vielfältig, lassen sich aber grob auf die drei Dimensionen *Motivation, Fachwissen* und *Fachmethodik* zurückführen (vgl. z. B. Kircher et al., 2020). Die damit verbundenen Ziele werden im Folgenden näher erläutert:

- **Motivation:** Bei diesem didaktischen Ziel liegt der Fokus besonders auf der Generierung von Motivation und Aufmerksamkeit. Spannende Experimente regen zum Staunen an und wecken die Neugier auf die physikalischen Ursachen des Effekts. Sie eignen sich gut zum Einstieg in ein Thema oder als Auflockerung für Zwischendurch. Dabei soll der Physikunterricht selbstverständlich nicht zur reinen „Zaubershow" werden. Auch müssen eindrucksvolle Experimente nicht automatisch besonders fulminant oder gefährlich sein. Es geht eher darum, die Lernenden emotional in das Geschehen einzubinden und sie zum „Mitfiebern" und Mitdenken anzuregen.

- **Fachwissen:** Sollen physikalische Gesetzmäßigkeiten oder Konzepte durch ein Experiment veranschaulicht oder erarbeitet werden, so ist das didaktische Ziel des Experiments meist die Vermittlung von Fachwissen. Auch wenn eine solche Zielsetzung beim Experimentieren sehr nahe zu liegen scheint, muss in vielen Fällen kritisch hinterfragt werden, in welchem Maße dieses Ziel tatsächlich durch das Experiment an sich erreicht werden kann. Um neues Fachwissen aus einem Experiment zu entwickeln, benötigen die Lernenden nämlich eine Vielzahl weiterer Kompetenzen, was bspw. das Interpretieren und Schlussfolgern aus experimentellen Daten angeht. Insofern besteht die Gefahr einer Überforderung der Lernenden, wenn das Experiment nicht entsprechend gut vor- und nachbereitet wird.

- **Fachmethodik:** Sollen durch ein Experiment besonders naturwissenschaftliche Arbeitsweisen erlernt werden, so ist das Ziel des Experiments das Vermitteln von Fachmethodik. So kann z. B. die Vermittlung von Arbeitsweisen wie dem Aufnehmen von Messreihen oder die Benutzung eines Oszilloskops das Ziel eines Experiments sein. Auch Fragen nach Unsicherheitsfaktoren und Verbesserungsmöglichkeiten bestimmter Messmethoden können dieser Dimension zugeordnet werden. Anhand von entsprechend gestalteten Experimenten lassen sich Aspekte der „Natur der Naturwissenschaften" oder die historische Entwicklung physikalischer Erkenntnisse thematisieren.

Ein Experiment sollte für die Lernenden auf (mindestens) eine dieser Dimensionen ausgerichtet sein und muss dann entsprechend geplant, optimiert und eingesetzt werden. Wie ◘ Abb. 2.1 zeigt, sind die konkreten Einsatzziele dabei nicht trennscharf und ein konkretes Einsatzszenario kann möglicherweise auch mehrere Dimensionen beinhalten. Daher gilt: Falls das Experiment mehrere Ziele abdecken soll, ist es besser, sich auf ein Hauptziel zu fo-

---

1 Ironische Anmerkung: Es geht natürlich darum, das Ohm'sche Gesetz „nachzuerfinden", bevor es dann ein paar Seiten später im Buch beschrieben wird.

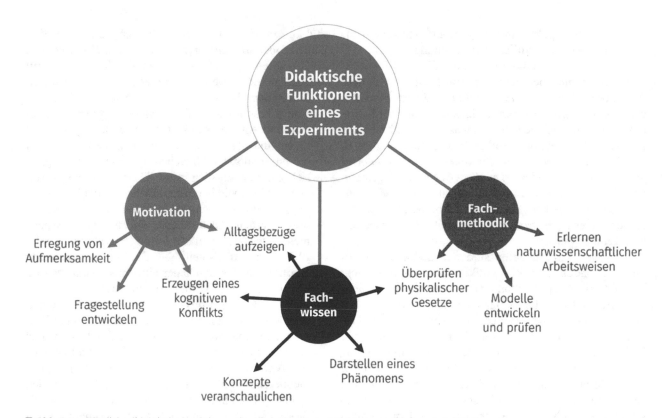

kussieren und im Verlauf der Stunde das Experiment zu variieren und noch einmal durchzuführen, sodass weitere Ziele erreicht werden. Weniger ist in diesem Zusammenhang meist mehr!

Wie kann eine Umsetzung der didaktischen Funktionen bei unterschiedlichen Fragestellungen nun konkret im Unterricht aussehen? Dazu werden im Folgenden zwei Experimente vorgestellt und jeweils schrittweise variiert, damit jeweils ein anderes Ziel primär angesprochen werden kann.

2.3.1 Beispiel 1: Experiment zur elektromagnetischen Induktion

Im Folgenden werden Experimente zur elektromagnetischen Induktion beschrieben, deren Aufbau jeweils auf eine andere didaktische Funktion ausgerichtet sind.

Fokus Fachwissen

In ⬡ Abb. 2.2 ist eine Leiterschleife zu sehen, die im Magnetfeld eines Hufeisenmagneten hängt. An den Enden der Leiterschleife ist ein Demonstrationsvoltmeter mit hoher Empfindlichkeit angeschlossen.

Die Leiterschleife wird nun im Magnetfeld vor und zurück bewegt und dabei das Messgerät beobachtet. Es können vorab zu den folgenden Aspekten Vermutungen gesammelt werden:

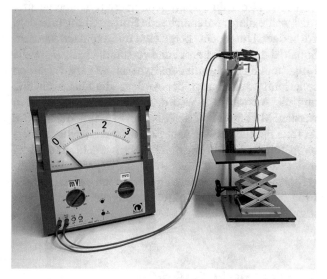

⬡ Abb. 2.2   Aufbau zur „Leiterschaukel". Hier liegt der Schwerpunkt auf der didaktischen Funktion *Fachwissen*

- „*Wie wird sich der Ausschlag des Zeigers bei einem Richtungswechsel der Leiterschaukel ändern?*"
- „*Wodurch wird die Stärke des Ausschlags am Voltmeter beeinflusst?*"
- „*Was passiert, wenn eine Spannung angelegt wird und Strom durch die Leiterschleife fließt?*"

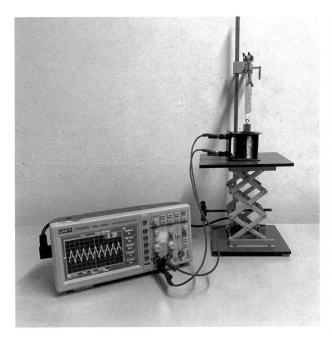

◘ Abb. 2.3 Demonstrationsexperiment zur Induktion mit dem Schwerpunkt auf der didaktischen Funktion *Fachmethodik*

Fokus Fachmethodik

◘ Abb. 2.3 zeigt einen Aufbau zur Visualisierung der elektromagnetischen Induktion mittels Oszilloskop. An einer Feder hängt ein kleiner Magnet. Die Feder wird leicht ausgelenkt und schwingt nun in der Spule, welche mit dem Oszilloskop verbunden ist. An diesem kann die induzierte Spannung abgelesen werden. Liegt der intendierte didaktische Schwerpunkt im Bereich Fachmethodik, kann der Fokus nun insbesondere auf die Arbeit mit dem Oszilloskop gelegt werden, um bspw. folgende Aspekte zu untersuchen:

- *„Wie zeigt ein Oszilloskop den Verlauf einer Spannung über die Zeit an?"*
- *„Wie muss das Oszilloskop eingestellt werden, damit die Ergebnisse bestmöglich ablesbar sind?"*
- *„Wie verändert sich die zeitliche Darstellung der Spannung auf dem Oszilloskop, wenn die Feder stärker ausgelenkt wird?"*
- *„Wie verändert sich die zeitliche Darstellung der Spannung auf dem Oszilloskop, wenn eine Feder mit einer größeren Federkonstante gewählt wird?"*

Fokus Motivation

In ◘ Abb. 2.4 ist ein Experiment mit zwei Fallröhren zu sehen. Im Gegensatz zur linken Röhre ist die rechte Röhre allerdings geschlitzt. Lässt man zwei Magnete gleichzeitig durch die Röhren fallen, kommt der rechte Magnet (geschlitzte Röhre) schneller unten an als der linke (◘ Abb. 2.5). Dies ist für Lernende meist sehr unintuitiv und löst Staunen aus, denn auch bei Wiederholungen tritt dieser Effekt immer wieder sehr deutlich auf. Noch

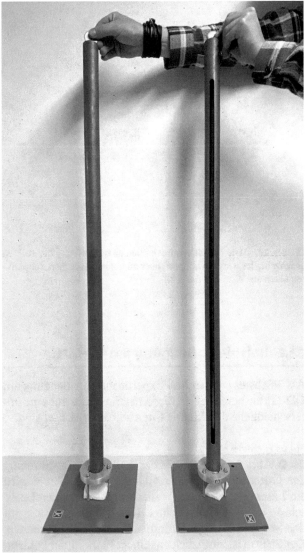

◘ Abb. 2.4 Demonstrationsexperiment zur Induktion mit dem Schwerpunkt auf der didaktischen Funktion *Motivation*

eindrucksvoller ist dieser Effekt im Übrigen, wenn die Röhren so gedreht werden, dass der Schlitz auf der Rückseite und für das Publikum zunächst nicht sichtbar ist. Bei Experimenten mit dem Fokus auf die didaktische Funktion Motivation kann es sich anbieten, dass die Lehrkraft lediglich eine moderierende Funktion einnimmt und den Lernenden Freiraum für das Aufstellen von Vermutungen und deren Untersuchung gibt, um diesen im weiteren Unterrichtsverlauf nachzugehen. Die folgenden Aspekte können in den Fokus gestellt werden, um die Lernenden zur Auseinandersetzung mit dem Experiment zu motivieren:

- *„Gibt es hier einen faulen Trick, den ihr aufdecken könnt?"*
- *„Mit welchen Gegenständen klappt es, mit welchen nicht?"*

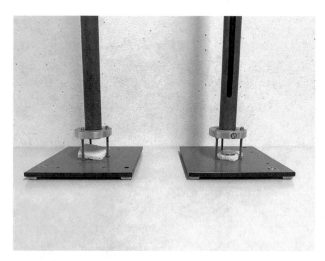

Abb. 2.5   Die Magnete wurden oben an der Öffnung der Röhren gleichzeitig losgelassen, kommen aber zu unterschiedlichen Zeitpunkten unten an. Wie kann das sein?

Abb. 2.6   Aufbau zur Beugung am CD-Gitter. Hier liegt der Schwerpunkt auf der didaktischen Funktion *Fachwissen*

2.3.2 Beispiel 2: Beugung am CD-Gitter

Als Nächstes werden drei Experimente zur Beugung am CD-Gitter beschrieben, die je nach Aufbau auf eine unterschiedliche didaktische Funktion ausgerichtet sind.

Fokus Fachwissen

In Abb. 2.6 ist ein einfacher Aufbau zur Bestimmung der Gitterkonstante einer CD dargestellt. Dabei wird ein Laser mit bekannter Wellenlänge durch einen Lochschirm auf eine CD gerichtet. Das Beugungsmuster mit den Maxima 0. und 1. Ordnung ist deutlich zu erkennen. Der Schirm ist zusätzlich mit einem Blatt Papier beklebt, sodass die Positionen der Maxima markiert und ausgemessen werden können. Konkret können – je nach übergeordneter Fragestellung – verschiedene Aspekte untersucht werden, z. B.:

- *„Wie kann im Anschluss an dieses Experiment die Wellenlänge eines unbekannten Lasers bestimmt werden?"*
- *„Was würde man sehen, wenn weißes Licht verwendet werden würde?"*

Fokus Fachmethodik

In Abb. 2.7 ist ein möglicher Aufbau für den Fokus auf die Fachmethodik abgebildet. Hier wird versucht, das Beugungsmuster möglichst deutlich auf dem Schirm abzubilden. Zusätzlich können verschiedene Leuchtmittel genutzt werden, um unterschiedliche Beugungsmuster sichtbar zu machen. Es können weitere fachmethodische Aspekte in den Fokus gerückt werden, z. B.:

- *„Was muss beim Ausmessen der Maxima beachtet werden?"*

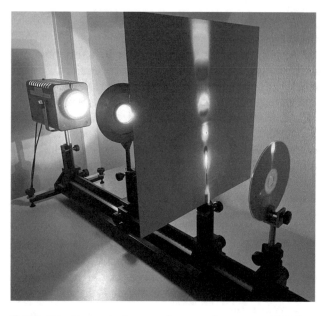

Abb. 2.7   Demonstrationsexperiment zur Beugung am CD-Gitter mit dem Schwerpunkt auf der didaktischen Funktion *Fachmethodik*

- *„Welche Lichtquellen sind für quantitative Messungen am besten geeignet?"*
- *„Wie kann vermieden werden, dass sich das Beugungsbild verzerrt, auffächert und größer wird?"*

Fokus Motivation

In der „Freihandvariante" lässt sich ein sehr schönes Beugungsbild mit einer CD demonstrieren (vgl. Abb. 2.8). Der Aufbau für das Experiment ist sehr

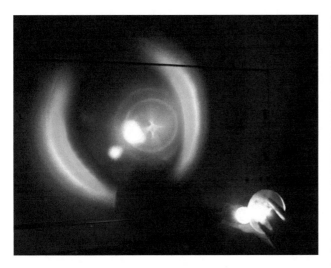

⬛ Abb. 2.8 Einfaches Demonstrationsexperiment zur Beugung am CD-Gitter mit dem Schwerpunkt auf der didaktischen Funktion *Motivation*

simpel, denn es wird lediglich eine CD und eine starke Taschenlampe (am besten mit thermischer Lichtquelle) benötigt und das Muster auf eine Wand gelenkt. Die Lehrkraft übernimmt die Moderation und lässt Vermutungen und Fragestellungen aufstellen, z. B.:

- „*Woher kommen die bunten Farben?*"
- „*Warum ist das Muster symmetrisch um einen Mittelpunkt?*"
- „*Warum funktioniert das Experiment mit CDs, aber nicht mit Blu-ray Discs?*"
- „*Was hat die CD mit einem Gitter zu tun?*"

Fazit

In diesem Kapitel wird an vielen Stellen deutlich, wie übergeordnete Fragestellung, didaktische Funktion und letztendlich die konkreten, im Experiment zu untersuchenden Aspekte sich gegenseitig beeinflussen und Auswirkungen auf die Ausgestaltung des Aufbaus haben. In manchen Situationen kann hier nicht dogmatisch *Top-down* oder *straightforward* geplant und entwickelt werden – gute Ideen entstehen auch manchmal einfach aus Kreativität und Erfahrung. Prüfen Sie daher letztendlich bei der Konzeption eines Demonstrationsexperiments und der Einbettung in den Unterricht u. a. die folgenden Aspekte:

- Erfüllt das Experiment eine didaktische Funktion?
- Weist das Experiment eine sinnvolle Fragestellung oder zu prüfende Hypothese auf?
- Wie lässt sich die Durchführung motivierend gestalten?
- Welche weiterführenden Fragestellungen und Variationsmöglichkeiten ergeben sich aus dem Experiment?

Literatur

Duit, R., & Mikelskis-Seifert, S. (2007). Kontextorientierter Unterricht: Wie man es einbettet, so wird es gelernt. *Naturwissenschaften im Unterricht Physik, 98,* 4–8.

Fischknecht-Tobler, U., & Labudde, P. (2019). Beobachten und Experimentieren. In P. Labudde (Hrsg.), *Fachdidaktik Naturwissenschaft* (S. 135–150). Haupt.

Kircher, E., Girwidz, R., & Fischer, H. E. (Hrsg.). (2020). *Physikdidaktik – Grundlagen* (4. Aufl.). Springer. ▶ https://doi.org/10.1007/978-3-662-59490-2.

Leisen, J. (2011). Kompetenzorientiert unterrichten: Fragen und Antworten zu kompetenzorientiertem Unterricht und einem entsprechenden Lehr-Lern-Modell. *Naturwissenschaften im Unterricht Physik, 123/124,* 4–10.

Renkl, A. (1996). Träges Wissen: Wenn Erlerntes nicht genutzt wird. *Psychologische Rundschau, 47*(4), 78–92.

Das Optimierungspotential von Aufbauten

Inhaltsverzeichnis

© Der/die Autor(en), exklusiv lizenziert an Springer-Verlag GmbH,
DE, ein Teil von Springer Nature 2024
A. Pusch et al., *Demonstrationsexperimente gestalten*,
https://doi.org/10.1007/978-3-662-68520-4_3

Experimente können in vielen verschiedenen Varianten aufgebaut werden. Grundsätzliche Entscheidungen müssen bspw. bereits bezüglich der Auswahl der zu verwendenden Komponenten getroffen werden Bei „Standardkomponenten" wie z. B. Netzgeräten, veränderbaren Widerständen oder Spulen hat man oft sogar noch die Wahl zwischen verschiedenen Varianten. Doch das ist nur ein Teilaspekt der zu bedenkenden Gestaltungsmöglichkeiten.

Fast immer kann der Aufbau auch in Hinblick auf die räumliche Anordnung unter Berücksichtigung von grundlegenden Gestaltungsprinzipien optimiert werden. Um welche Prinzipien es sich handelt und wie sie für die Optimierung von Aufbauten angewendet werden können, wird in diesem Kapitel ausführlich dargestellt.

3.1 Funktionierender Aufbau = Guter Aufbau?

Im folgenden Beispiel ist ein Experiment zur Bestimmung induktiver Widerstände mit einer Maxwell-Messbrücke dargestellt (◘ Abb. 3.1). Viele gestalterische Aspekte sind hier nicht optimal umgesetzt, z. B. die Platzierung der Geräte, die Kabelfarben und -längen, die Anordnung auf dem Tisch und dem Steckbrett sowie die zweite Spule, die nicht angeschlossen ist. Lernende haben es mit diesem Aufbau unnötig schwer, denn es ist z. B. nicht einfach zu erkennen, wie die Geräte angeschlossen sind, wie die Schaltung funktioniert und wie die verschiedenen der Komponenten Netzgerät, Schwingkreis und Anzeige (in diesem Fall das Oszilloskop) zusammenspielen. Auch die Rolle der zweiten, nicht angeschlossenen Spule ist unklar.

Es gibt unzählige weitere Varianten, einen Schwingkreis anders und vielleicht auch optimiert aufzubauen.

Eine Variante ist in ◘ Abb. 3.2 dargestellt. Es wurde ein schlicht aussehender Frequenzgenerator verwendet (dieser weist weniger, potentiell verwirrende Bedienelemente auf) und die kulturell geprägte „Leserichtung" von links nach rechts in der Anordnung der Elemente berücksichtigt. Im Zentrum steht die Messschaltung, wo die Handlungen vorgenommen werden. Hier wurden einige Kabelverbindungen durch Steckverbindungen ersetzt, um mehr Übersichtlichkeit zu erhalten. Die Kabel vom Frequenzgenerator und zum Oszilloskop sind nun übersichtlicher verlegt, sodass sie sich einfacher verfolgen lassen. Zusätzlich lassen sie sich auch anhand der Farben zuordnen. Dass die in ◘ Abb. 3.2 vorgenommenen Optimierungen im Vergleich zu ◘ Abb. 3.1 die Übersichtlichkeit des Aufbaus erhöhen, wird intuitiv beim Betrachten der Bilder deutlich. Da jedoch auch vermeintlich sehr einfache Aufbauten für Lernende kognitiv schwer zu fassen sein können, ist es hilfreich, sich beim Aufbau an einigen Grundprinzipien zu orientieren.

Die nachfolgend genannten Gestaltungsprinzipien sind speziell für Experimente formuliert (z. B. Schmidkunz, 1983; Kircher et al., 2020, S. 274 ff.) und lassen sich auch allgemeiner aus den Theorien multimedialen Lernens für verschiedene Medien ableiten (z. B. Mayer & Fiorella, 2021).

Die Wirkung der Gestaltungsprinzipien lässt sich im Modell von kognitiver Belastung verstehen (Paas et al., 2003): Vereinfacht gesagt findet Informationsverarbeitung im Arbeitsgedächtnis statt. Dessen Kapazität ist aber begrenzt, daher sollten unnötige kognitive Prozesse, die nicht unmittelbar mit dem Lerngegenstand verknüpft sind, möglichst vermieden werden. Auf ein Demonstrationsexperiment übertragen bedeutet dies vereinfacht, dass den Lernenden das Nachverfolgen und Schlüsse ziehen um so einfacher fällt, je optimierter der experimentelle

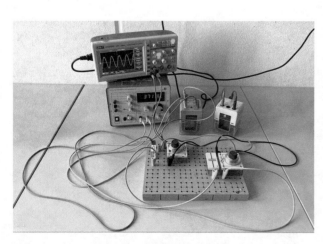

◘ **Abb. 3.1** Dieser Aufbau ist durch seine Gestaltung schwer zu verstehen

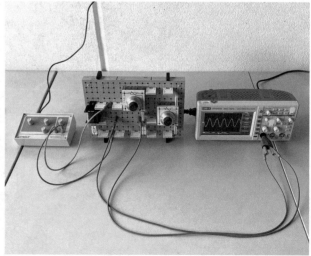

◘ **Abb. 3.2** Dieser Aufbau ist hinsichtlich seiner Gestaltung optimiert

Aufbau gestaltet ist. Das eingangs gezeigte Beispiel beansprucht bspw. unnötig viele kognitive Ressourcen, um überhaupt die relevanten Komponenten finden und ihre Beziehung zueinander erkennen zu können (◻ Abb. 3.1). Für die Verarbeitung der Experimente stehen diese Ressourcen dann nicht mehr zur Verfügung.

3.2 Gestaltungskriterien für Aufbauten

Im Folgenden wird an konkreten Beispielen illustriert, wie sich die einzelnen Gestaltungskriterien in Anlehnung an die genannten theoretischen Grundlagen auswirken können. Wir betrachten folgende einfache Transformatorschaltung in ◻ Abb. 3.3. Diese besteht aus einem mit einem Eisenjoch verbundenen Spulenpaar, einer Wechselspannungsquelle sowie zwei Demonstrationsmultimetern, um die Spannung auf der Primär- sowie auf der Sekundärseite anzuzeigen. Die Darstellung wurde bereits im Hinblick auf die Gestaltungskriterien optimiert und

dient nachfolgend jeweils als Vergleichsbeispiel, um sie mit verschiedenen, weniger optimalen Umsetzungen zu vergleichen.

━ **Signalprinzip: Kabelfarbe**
Visuelle Hervorhebungen von zusammengehörenden Elementen erleichtern das Erfassen von funktionalen Strukturen (Fiorella & Mayer, 2021). Dies lässt sich in Demonstrationsexperimenten durch die Wahl der Kabelfarben umsetzen (dargestellt in ◻ Abb. 3.4). Es ist oftmals sinnvoll, durch Kabelfarben verschiedene Funktionen im Schaltkreis zu verdeutlichen: z. B. kann eine Farbe für die Anschlusskabel des Multimeters und eine Farbe für den Anschluss der Spannungsquelle verwendet werden. Nur eine Kabelfarbe oder zufällige Kabelfarben können dazu führen, dass die Verschaltung schwieriger nachzuvollziehen ist. Von der Verwendung von roten und blauen Kabeln bei Gleichstrom (stellvertretend für Pole) ist aus didaktischer Sicht allerdings abzuraten: Dadurch könnten ungeeignete Vorstellungen hinsichtlich des „Verbrauchs" von z. B. Elektronen angeregt werden und die Farbwahl wird bereits bei einer Reihenschaltung mit mehr als einem „Verbraucher" inkonsistent.

━ **Signalprinzip: Leserichtung**
Die kulturell geprägte „Leserichtung" hilft, Abläufe und Aufbauten zu strukturieren. Bei einem Transformator geht man in der Erklärung oft von der Primärseite (dort wo die Wechselspannungsquelle angeschlossen ist) zur Sekundärseite. In ◻ Abb. 3.5 ist die Schaltung so aufgebaut, dass man diese entgegen der Sehgewohnheiten von rechts nach links „lesen" muss. Diese Umkehrung kann kognitiv anspruchsvoller sein als die Referenzdarstellung.

━ **Kontiguitätsprinzip: Gesetz der Nähe**
In ◻ Abb. 3.6 wird ersichtlich, welchen Effekt allein die Platzierung der Wechselspannungsquelle haben kann. Wird sie in die Nähe der Sekundärspule gestellt, muss das Auge beim Nachvollziehen des Aufbaus un-

◻ **Abb. 3.3** Dieser Aufbau ist hinsichtlich seiner Gestaltung optimiert und dient als Referenz

◻ **Abb. 3.4** Da die Kabel eine einheitliche Farbe haben, ist die Erfassung der Verschaltung schwierig

◘ Abb. 3.5   Die typische „Leserichtung" ist hier umgekehrt von rechts nach links und macht die Erfassung unnötig kompliziert

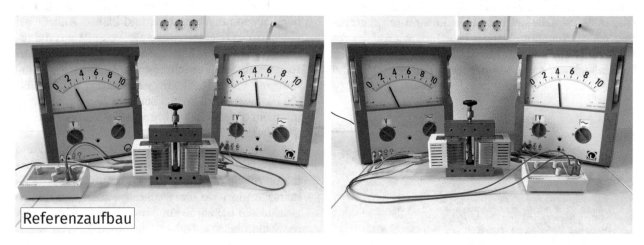

◘ Abb. 3.6   Hier wurde das Gesetz der Nähe nicht umgesetzt. Die Wechselspannungsquelle steht nicht in der Nähe der Primärseite

nötig „springen" (vgl. Fiorella & Mayer, 2021). Es besteht zudem die Gefahr, dass Primär- und Sekundärseite miteinander verwechselt werden. Ein besserer Platz wäre daher direkt neben der Primärseite.

— **Kontiguitätsprinzip: Symmetrie**
Besonders bei dem Aufbau zum Transformator eignet sich auch ein symmetrischer Aufbau, der hier die Ähnlichkeit der beiden Schaltkreise unterstreicht. Ein nicht symmetrischer Aufbau der Schaltung ist in ◘ Abb. 3.7 dargestellt. Zusätzlich wird durch die Asymmetrie auch das Gesetz der Nähe bzw. das Kontiguitätsprinzip verletzt.

— **Kohärenzprinzip: Ruhiger Hintergrund**
Der Hintergrund eines Aufbaus hat einen großen Einfluss auf die Wahrnehmbarkeit. Ein unruhiger Hintergrund kann sowohl die grundsätzliche Sichtbarkeit von einzelnen Elementen deutlich verringern als auch die Aufmerksamkeit der Lernenden vom Wesentlichen ablenken (vgl. *seductive details effect* in Sundararajan & Adesope, 1977). In ◘ Abb. 3.8 wird der Einfluss eines uneinheitlichen Hintergrundes auf die Sichtbarkeit deutlich. Ein ruhiger Hintergrund hin-

gegen lässt wichtige Elemente klar hervortreten. Die Grundregel, potentielle Ablenkungen zu minimieren, ist auch als Kohärenzprinzip bekannt (vgl. Fiorella & Mayer, 2021).

— **Kohärenzprinzip: Unnötige Details vermeiden**
Die Verwendung „komplexerer" Geräte kann, ähnlich wie bei einem unruhigen Hintergrund, durch den *seductive details effect* die kognitive Belastung unnötig erhöhen. So ist in ◘ Abb. 3.9 eine Spannungsquelle zu sehen, die potentiell ablenkende und unbekannte Schalter und Anzeigen besitzt, welche für das Experiment nicht relevant sind. Wenn keine alternativen Geräte zur Verfügung stehen, sollte darüber nachgedacht werden, ob ablenkende Elemente verdeckt werden können, um die scheinbare Komplexität zu reduzieren.

— **Kohärenzprinzip: Nur Relevantes zeigen**
Mit der Anwendung des Kohärenzprinzips ist außerdem zu begründen, dass möglichst nur die aktuell relevanten Komponenten des Aufbaus im Vordergrund zu sehen sind. Dies kann vor allem dann schnell vergessen werden, wenn man Komponenten an verschie-

⬛ Abb. 3.7 Ein symmetrischer Aufbau kann dabei helfen, die Struktur des Aufbaus einfacher zu erfassen. Hier ist die Symmetrie nicht ausgenutzt worden

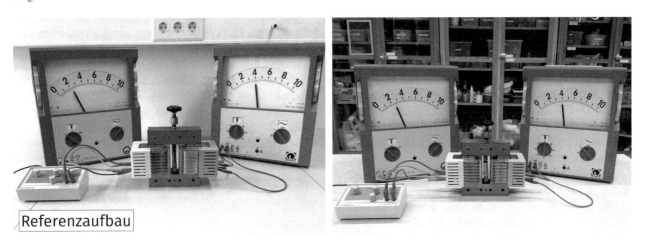

⬛ Abb. 3.8 Der unruhige Hintergrund erschwert hier die Erfassung des Aufbaus

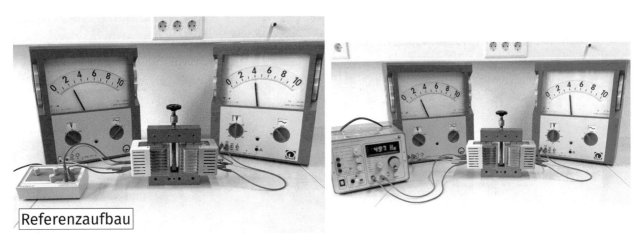

⬛ Abb. 3.9 Falls verschiedene Geräte und Materialien zur Auswahl stehen, können diejenigen verwendet werden, bei denen keine unnötigen Details die Erfassung stören

denen Stellen der Vorführung wechseln muss. Im Beispiel in ⬛ Abb. 3.10 steht bereits eine weitere Sekundärspule bereit, die aber erst in einem späteren Experiment benötigt wird. Es ist nicht direkt erkennbar, ob diese schon angeschlossen ist, oder wofür sie benötigt wird und somit ein potentiell ablenkendes Detail für Lernende.

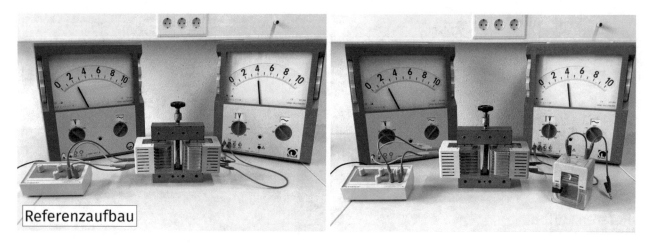

☑ Abb. 3.10 Die (noch) nicht benötigte Spule kann in diesem Aufbau für Verwirrung sorgen. Sie sollte daher besser anderswo bereitgestellt werden

Literatur

Fiorella, L., & Mayer, R. E. (2021). Principles for reducing extraneous processing in multimedia learning. In *The Cambridge handbook of multimedia learning* (S. 185–198). Cambridge University Press. ▶ https://doi.org/10.1017/9781108894333.019.

Kircher, E., Girwidz, R., & Fischer, H. E. (Hrsg.). (2020). *Physikdidaktik − Grundlagen* (4. Aufl.). Springer. ▶ https://doi.org/10.1007/978-3-662-59490-2.

Mayer, R. E., & Fiorella, L. (Hrsg.). (2021). *The Cambridge handbook of multimedia learning* (3. Aufl.). Cambridge University Press. ▶ https://doi.org/10.1017/9781108894333.

Paas, F., Renkl, A., & Sweller, J. (2003). Cognitive load theory and instructional design: Recent developments. *Educational Psychologist, 38*(1), 1–4. ▶ https://doi.org/10.1207/S15326985EP3801_1.

Schmidkunz, H. (1983). Die Gestaltung chemischer Demonstrationsexperimente nach wahrnehmungspsychologischen Erkenntnissen. *Naturwissenschaften im Unterricht. Physik, Chemie, 31*(10), 360–367.

Sundararajan, N., & Adesope, O. (2020). Keep it coherent: A metaanalysis of the seductive details effect. *Educational Psychology Review, 32*(3), 707–734. ▶ https://doi.org/10.1007/s10648-020-09522-4.

Aufbauten in der Praxis

Inhaltsverzeichnis

© Der/die Autor(en), exklusiv lizenziert an Springer-Verlag GmbH,
DE, ein Teil von Springer Nature 2024
A. Pusch et al., *Demonstrationsexperimente gestalten*,
https://doi.org/10.1007/978-3-662-68520-4_4

In den vorherigen Kapiteln wurden in erster Linie allgemeine Überlegungen zum Einsatz und zur Zielsetzung sowie zur Gestaltung von Demonstrationsexperimenten vorgestellt. Es handelte sich vor allem um theoretisch gerahmte Grundlagen. Um diese Grundlagen in der Praxis beim Aufbau eines Experiments erfolgreich umzusetzen, ist jedoch neben dem theoretisch-didaktischem Wissen auch einiges an Praxiswissen erforderlich, u. a.:

- *Welche Geräte und Bauteile aus der Sammlung lassen sich für welchen Zweck am besten einsetzen?*
- *Wie kann improvisiert werden, wenn ein bestimmtes Gerät nicht vorhanden ist?*
- *Welche technischen Notwendigkeiten müssen bei der didaktischen Gestaltung berücksichtigt werden?*
- *Welche typischen Schwierigkeiten sind zu bedenken?*
- *Wie kann ein Aufbau (falls nötig) vereinfacht werden?*

Mit diesen und weiteren Fragen sehen sich Lehrkräfte im Berufsalltag tagtäglich konfrontiert. Das Zusammenstellen eines funktionalen und zudem didaktisch sinnvollen Experiments anhand des Materials der Schulsammlung ist daher manchmal eine Herausforderung (vgl. ◪ Abb. 4.1).

In diesem Kapitel stellen wir an konkreten Beispielen praxisorientierte Überlegungen zum Aufbau von Experimenten aus verschiedenen Themenbereichen der Physik vor. Im Sinne des exemplarischen Lernens geht es nicht primär darum, konkrete Aufbauanleitungen für die gezeigten Experimente zu liefern, sondern anhand der Beispiele allgemein anwendbare Ideen zum Umgang mit typischen Materialien und Aufbauten zu entwickeln, um so den Blick für die didaktischen Feinheiten beim Experimentieren zu schärfen.[1]

4.1 Modellnah-idealisiert oder technisch-authentisch?

Wenn einer Lerngruppe ein Aufbau präsentiert wird, so ist auch der Aufbau des Experiments selbst ein Ankerpunkt für die Verknüpfung mit dem bereits vorhandenem Wissen und dem Aufbau neuer Erkenntnisse (vgl. Lerntheorie des *Konstruktivismus*, z. B. in Kircher et al. (2020, S. 9f). Es ist daher wichtig, auf eine gute Passung des Aufbaus zu den eingeführten Modellierungen und Fachinhalten, dem Vorwissen aus dem Alltag sowie den zukünftigen Lerninhalten zu achten.

---

1   Während es in diesem Buch primär um die Gestaltung des experimentellen Aufbaus geht, liefert (Meyn, 2013) detaillierte Informationen zur Geräte- und Sammlungskunde mit vielen praktischen Hinweisen zur Materialauswahl und technische Tipps zur Durchführung von Experimenten. Konkrete Materiallisten und Anleitungen für verschiedene Schulexperimente finden sich z. B. in Hilscher (2012), Wilke (1997–2002). Anregungen für Experimente mit 3D-gedruckten Materialien finden sich in Pusch & Haverkamp (2022).

◪ **Abb. 4.1**   Oft wirkt die Physiksammlung mit ihren vielen Gerätschaften „erschlagend". Der Gegenstand, den man eigentlich gesucht hat, ist dann doch nicht vorhanden, dafür aber verschiedene Alternativen, die man noch nicht benutzt hat

Je nach Situation und vorhandenem Material kann es sich daher anbieten, den Aufbau eher modellnah-idealisiert oder technisch-authentisch zu gestalten. Um diese Möglichkeiten zu illustrieren, werden im Folgenden verschiedene exemplarische Aufbauten vorgestellt und diskutiert.

4.1.1 Ein „schultypischer" Aufbau

Beim Aufbau von Experimenten werden oftmals Materialien eingesetzt, die für den spezifisch didaktischen Einsatzkontext entwickelt wurden und dadurch im Hinblick auf verschiedene Aspekte wie z. B. *breite Einsetzbarkeit, Handhabbarkeit, Haltbarkeit, Sichtbarkeit, Preis* und *Sicherheit* optimiert sind. Neben diesen findet man vermutlich in jeder Schulsammlung auch eine große Anzahl an Alltagsmaterialien sowie Komponenten aus dem Baumarkt oder dem Elektronikfachhandel. Oftmals werden in Aufbauten für Experimente auch verschiedene Elemente kombiniert, um einen funktionalen und einfachen Aufbau realisieren zu können. Sowohl aus pragmatischer als auch aus didaktischer Sicht ist dies für viele Anwendungen eine sinnvolle Vorgehensweise.

In den beiden folgenden Beispielen sind zwei „schultypische" Aufbauten dargestellt. Die gewählte Bezeichnung „*schultypisch*" soll aber nicht implizieren, dass diese die häufigsten Aufbauten sind oder dass es sich gar um „schlechte" Aufbauten handelt. Diese Aufbauten sollen vielmehr als Grundlage für die Diskussion und die Ableitung von jeweils einer mehr modellnah-idealisierten und einer eher technisch-authentischen Variante dienen.

Im ersten Beispiel aus dem Bereich der Elektrizitätslehre wird eine Reihenschaltung mittels zweier Glühlampen, Krokodilklemmen, einer Blockbatterie und eines Schiebeschalters realisiert (■ Abb. 4.2). Beim zweiten Beispiel zur Optik ist ein Fernrohr auf einer optischen Bank mit zwei Linsen und einem Spiegel (zur einfacheren Betrachtung von der Seite) aufgebaut (■ Abb. 4.3).

Anhand der beiden vorgestellten Aufbauten können die Lernenden an ihre Alltagserfahrungen und ihr Vorwissen anschließen: Die Blockbatterie, die Glühlampen und Kabel mit Krokodilklemmen sowie Linsen sind in der Regel in einer ähnlichen Version aus dem Alltag bekannt. Zudem besteht auch schon eine gewisse strukturelle Ähnlichkeit zum gezeichneten Schaltplan bzw. zum konstruierten Strahlengang.

Es gibt aber auch einige Aspekte, die eventuell zu Verwirrungen bei den Lernenden führen können: Anders als im Schaltplan sind die Kabel verschiedenfarbig und keine senkrechten, linienförmigen Verbindungen. Die Glühlampen liegen sehr nahe beieinander und aus der Entfernung ist nicht genau zu erkennen, ob es sich um eine Reihen- oder Parallelschaltung der Lampen handelt und ob diese gleich hell leuchten.

Bei dem Aufbau zum Fernrohr sind die Linsen aufgrund der Einfassung eher als scheibenförmig statt linsenförmig zu erkennen (■ Abb. 4.3). Auch ähnelt der Aufbau von der Form her nicht einem realen Fern-„Rohr", wie man es bspw. aus dem Alltag oder aus Filmen kennt. Der Aufbau ist somit abstrakt und eher realitätsfern.

4.1.2 Modellnah-idealisierter Aufbau

Ein Aufbau kann bewusst so gestaltet werden, dass er sich möglichst stark an gängigen Modelldarstellungen orientiert. Ein solcher Aufbau kann den Lernenden bessere Möglichkeiten zur Vernetzung mit Modelldarstellungen bieten und so den Fokus auf das konzeptuelle Verständnis erleichtern.

In den folgenden Beispielen wurden die vorgestellten Experimente so aufgebaut, dass eine gute visuelle Passung zu den üblichen Modelldarstellungen in Form des Schaltplans bzw. der Strahlengänge vorhanden ist. Wird beispielsweise ein Steckbrett zum Aufbau einer elektrischen Schaltung verwendet, wird schnell ersichtlich, welche Bauteile sich an welchen Stellen befinden und das zugrunde liegende Modell (in diesem Fall der Schaltplan) kann gut an das Experiment selbst angebunden werden (■ Abb. 4.4).

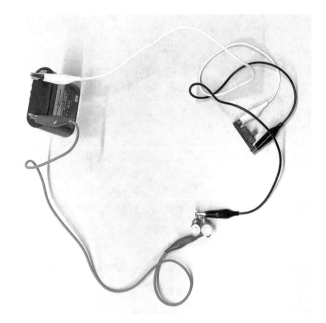

■ **Abb. 4.2**   Aufbau eines einfachen Stromkreises

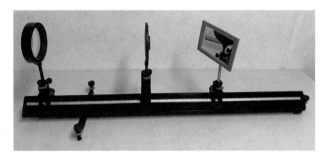

■ **Abb. 4.3**   Aufbau eines Fernrohrs auf einer optischen Bank

Der Aufbau mit der Strahlenbox, z. B. auf einer Magnetwand, ermöglicht, die Eigenschaften der aus dem Modell bekannten Strahlen, die zur Konstruktion von Abbildungen verwendet werden, im realen Experiment sichtbar zu machen und zu untersuchen (■ Abb. 4.5).

Solche modellnahen Aufbauten sind allerdings sehr spezifisch auf den Lehreinsatz zugeschnitten, was unter Umständen den Transfer auf technische Anwendungen oder Alltagssituationen und zudem eine glaubwürdige Einbettung in einen authentischen Kontext erschweren kann.

4.1.3 Technisch-authentischer Aufbau

Im eher technisch-authentischen Aufbau wird das Experiment in ähnlicher Weise gestaltet, wie es auch in einer realen technischen Anwendung der Fall wäre. Die Verwendung von alltäglichen Geräten und Materialien kann die Relevanz der Thematik unterstreichen und die typi-

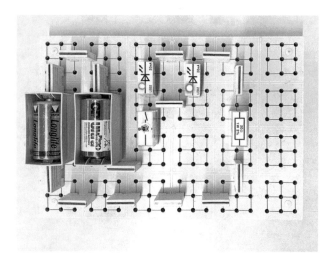

○ **Abb. 4.6**   Schaltung auf Breadboard mit einem Mikrocontroller

○ **Abb. 4.4**   Modellnaher Aufbau eines einfachen Stromkreises mit Steckbrettern

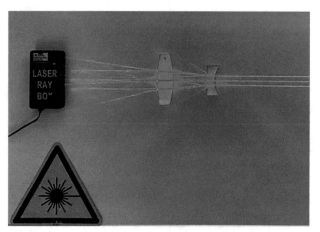

○ **Abb. 4.5**   Modellnaher Aufbau eines Fernrohrs mit Flachkörpern und einer Strahlenbox

sche Frage „*Wofür brauche ich das überhaupt?*" einfacher beantworten.

Bei den beispielhaften Umsetzungen einer elektrischen Schaltung in ○ Abb. 4.6 und 4.7 dominieren die verschiedenen Standardbauteile aus dem Elektronikbereich den visuellen Eindruck des Experiments. Es ist aber schwierig, auf den ersten Blick zu erkennen, wie die Bauteile genau verschaltet bzw. angeordnet sind. Selbst mit einem Schaltplan ist nicht sofort ersichtlich, wie die Kabel an den Batterien angebracht sind, welche Verbindungen zwischen den LEDs bestehen oder wozu ein Widerstand in den Stromkreis eingebaut wurde. In der Variante mit dem Arduino ist die Verschaltung vergleichsweise noch schwieriger zu erkennen, da die Kontakte innerhalb des Steckbretts „unsichtbar" und unintuitiv miteinander verschaltet sind (○ Abb. 4.7). Dennoch besitzen beide Varianten nicht zuletzt aufgrund ihrer Umsetzung mit typischerweise in der Elektronik verwendeten Bautei-

len eine große Authentizität und Relevanz. Die Variante mit dem Steckbrett und dem Arduino wird bspw. in der „Maker-Szene" gerne für Schaltungen verwendet.[2]

Technisch-authentische Aufbauten sind für Lernende aber nicht immer einfach zugänglich. Das Teleskop aus ○ Abb. 4.8 ist beispielsweise im Vergleich zum Nachbau auf der optischen Bank eine Blackbox, da das Innenleben nicht mehr einsehbar ist. Hier bietet der kommerzielle Aufbau allerdings den Vorteil, dass er für die Sternebeobachtung optimiert ist und hierfür auch mit Lernenden verwendet werden kann. Hier bietet der technisch-authentische Aufbau eine hohe Authentizität.

In allen Beispielen wird deutlich, dass die technisch-authentisch orientierte Ausrichtung des Aufbaus in der Regel komplex und für Lernende anspruchsvoll ist, da häufig wenig visuelle Ähnlichkeit zum idealisierten Modell besteht. Auf der anderen Seite bieten insbesondere die alltagsnahe Umsetzung und der Bezug zu realen Anwendungen auch Chancen für authentischen, motivierenden und praxisorientierten Unterricht.

4.2 Experimente der Elektrizitätslehre

Bei Experimenten der Elektrizitätslehre (E-Lehre) stehen häufig elektrische Schaltungen im Mittelpunkt. Eine zentrale Anforderung bei Experimenten der E-Lehre ist es, dass idealisierte Schaltpläne in reale Schaltungen „übersetzt" werden müssen (sowie natürlich auch umgekehrt). In der Praxis können auch einfache elektrische Schaltungen schnell unübersichtlich werden.

Nachfolgend werden typische Schwierigkeiten, ausgewählte Sicherheitshinweise, Anmerkungen zur Aus-

---

2 Ideen, wie bspw. Mikrocontroller im Physikunterricht eingesetzt und Lernende an das Thema herangeführt werden können, werden in Pusch (2023) diskutiert.

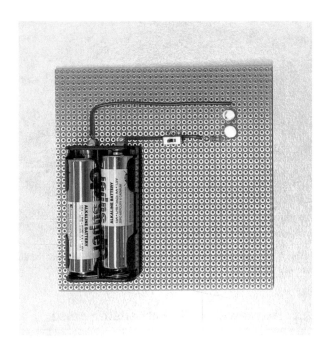

▣ Abb. 4.7   Schaltung auf einer Lötplatine

▣ Abb. 4.8   Reales Teleskop

wahl von Komponenten sowie Beispiele für die Gestaltung von Aufbauten diskutiert.

4.2.1 Typische Schwierigkeiten

Nicht jede technisch funktionale Schaltung ist automatisch auch gut für Demonstrationszwecke geeignet, denn im Bereich der E-Lehre kann es mit den folgenden ausgewählte Aspekten zu Verständnisschwierigkeiten kommen:

- **Schaltsymbole:** Bei der Verwendung von Schaltsymbolen ist zu beachten, dass es sich hierbei um arbiträre Darstellungen handelt, die rein vom Aussehen her wenig mit der Funktion von realen Komponenten zu tun haben. ▣ Abb. 4.9 zeigt dies anhand des Beispiels des Schaltzeichens für Induktivität und einer realen (sehr didaktisierten) Spule.
- **Bauformen:** Die realen Komponenten selbst gibt es häufig in verschieden Bauformen, die sich teilweise in ihrem Aussehen deutlich unterscheiden (vgl. ▣ Abb. 4.10). Für Lernende kann es schwierig sein, hier die Komponenten und somit auch die Funktion im Aufbau zu erkennen. Dies gilt insbesondere dann, wenn für unterschiedliche Aufbauten (z. B. aus technischen Gründen) jeweils anders aussehende Komponenten verwendet werden.
- **Kabel:** Die verwendeten Kabel lassen sich in realen Aufbauten selten so minimalistisch und übersichtlich (z. B. mit passender Länge sowie rechtwinklig) verlegen, wie in Schaltplänen dargestellt wird (s. Beispiel in ▣ Abb. 4.11 und 4.12).
- Es gibt oft mehrere **Variationen**, wie eine Schaltung aufgebaut werden kann. So kann z. B. die Position eines Messgerätes oftmals im Aufbau variiert werden, oder es müssen zusätzliche Kabelwege in Kauf genommen werden, die physikalisch gesehen nicht nötig wären. Auch ob Kabel oder Steckbretter samt Steckbrücken verwendet werden, ist −funktionell betrachtet −egal.
- Mit **Multimetern** kann je nach Aufbau die Stromstärke oder Spannung gemessen werden. Die Geräte müssen dafür auf unterschiedliche Weise in den Stromkreis eingebaut werden. Oft lässt sich auf Anhieb nicht sagen, welches der Messgeräte die Spannung und welches die Stromstärke anzeigt (vgl. z. B. ▣ Abb. 4.12). Außerdem ist diese Zuordnung im nächsten Experiment mit diesen beiden Messgeräten nicht zwangsläufig genau so.

⬦ Abb. 4.9   Schaltzeichen einer Induktivität sowie eine didaktisierte Spule aus der Schulsammlung. Können die Lernenden hier den Zusammenhang zwischen beiden erkennen?

⬦ Abb. 4.10   Verschiedene Kondensatoren. Welche Bauform würden Sie wählen, wenn Sie die Auswahl haben?

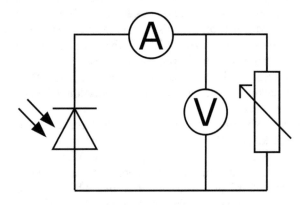

⬦ Abb. 4.11   Im Vergleich zum realen Aufbau ist ein Schaltplan meist vergleichsweise übersichtlich

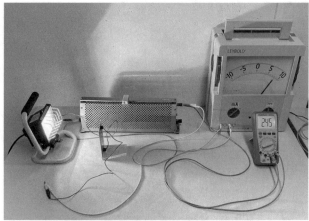

⬦ Abb. 4.12   Erkennen Sie im realen Aufbau die Struktur des Schaltplans aus **⬦** Abb. 4.11 wieder?

4.2.2 Ausgewählte Sicherheitshinweise

Nachfolgend werden ausgewählte, sehr zentrale Sicherheitshinweise zu diesem Themenschwerpunkt herausgegriffen und erläutert. In ▶ Kap. 7 werden darüber hinaus weitere themenübergreifende schulische Sicherheitshinweise beschrieben.

— **Stolperfallen vermeiden:** Viele Experimente der E-Lehre benötigen Kabel. Je nach räumlichen Gegebenheiten und der Position, an der das Experiment vorgeführt werden soll, können diese im Wege- und Arbeitsbereich hängen. Kabel im Wege- und Arbeitsbereich sind allerdings eine Quelle für Unfälle. Nutzen Sie daher vorhandene Steckdosen auf dem Boden oder dem Pult. Müssen Kabel im Wege- und Arbeitsbereich zum Aufbau gelegt werden, sollten diese nicht hängen (sodass man darüber steigen muss), sondern so gelegt werden, dass sie flach auf dem Boden liegen und mit Klebeband (z. B. „Panzertape") auf dem Boden fixiert werden.

— **Nur spannungsfrei umbauen:** Bevor Sie Schaltungen umbauen, also Bauteile oder Messgeräte entfernen und/oder neue hinzufügen, regeln Sie stets zuerst die Spannung am Netzgerät auf 0 V herunter bzw. nutzen Sie den Trennschalter am Gerät.

— **Maximalwerte (Spannung und Stromstärke) der Bauteile:** Finden Sie im Vorfeld des Experiments heraus, welche Spannungen und Stromstärken an den Bauteilen angelegt werden dürfen und bleiben Sie generell stets im berührungsungefährlichen Bereich ($U_{DC} < 60$ V, $U_{AC} < 25$ V$_{eff}$, s. dazu DGUV 2012). Beachten Sie, dass nach dem Umbauen der Schaltung (bspw. Entfernen von Widerständen oder Glühlampen) die am Netzgerät eingestellte Spannung zu hoch für die neue Schaltung sein könnte! Auch die gewählten Messbereiche von Multimetern könnten nach einem Umbau nicht mehr passend sein.

4.2.3 Auswahl der Komponenten

Je nach Ausstattung der Sammlung stehen die Standardkomponenten wie Netzgeräte, Widerstände und Messgeräte in unterschiedlichen Ausführungen zur Verfügung,
aus denen die passenden Teile ausgewählt und kombiniert werden können. Im Folgenden werden dazu ein
paar praxisnahe Beispiele beschrieben und diskutiert.

- **Netzgeräte**

In ◘ Abb. 4.13 sind verschiedene Gleichspannungsnetzgeräte dargestellt. Alle Geräte können die für das Experimente benötigte Gleichspannung liefern. Welches wählen Sie?

- Das linke Gerät hat drei Einstellknöpfe wodurch es
  zu Verwirrungen kommen kann (*„Ein Knopf für die
  Spannung, ein Knopf für die Stromstärke und wofür
  ist noch mal der dritte Knopf?"*). Allerdings könnten
  von diesem Gerätetyp vielleicht mehrere vorhanden
  sein, sodass es auch im Schülerexperiment eingesetzt
  werden könnte.
- Das mittlere Gerät hat eine unübersichtliche Blende
  mit vielen Aufklebern und Beschriftungen. Es hat allerdings nur zwei Einstellmöglichkeiten (eine für die
  Ausgangsspannung sowie eine für die Begrenzung der
  Stromstärke) und analoge Anzeigen.
- Das rechte Gerät sieht sehr übersichtlich aus. Auf
  Grund des vergleichsweise hohen Preises wird es aber
  vermutlich nur einmal in der gemeinsam genutzten
  Sammlung vorhanden, und daher nicht jede Stunde
  verfügbar sein.

Tipp

Markieren Sie sich ggf. am Gerät den Einstellungsbe-
reich, in dem Sie im Experiment arbeiten wollen. So
sparen Sie in der Durchführung Zeit beim Einstellen
der Werte und vermeiden ungewollte Beschädigungen
von Komponenten durch falsch gewählte Einstellungen
(◘ Abb. 4.14).

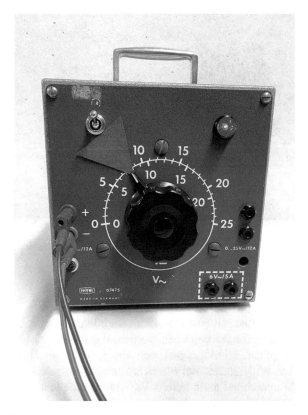

◘ **Abb. 4.14**   Zur Vermeidung von falschen Einstellungen können
Markierungen auf dem Gerät angebracht werden

- **Widerstände**

Je nach Einsatzzweck können feste oder veränderbare
Widerstände in einer Schaltung verwendet werden. Soll
während des Experiments die über einem Bauteil abfallende Spannung variiert werden, eignet sich hierzu ein
veränderbarer Widerstand. Dies ist z. B. bei der Aufnahme von U-I-Kennlinien hilfreich. Verschiedene Bauformen sind in ◘ Abb. 4.15 gezeigt:

- Links im Bild ist ein **Schiebewiderstand** zu sehen. Das
  Funktionsprinzip ist aber kaum zu erkennen: Durch
  Verschieben des Reglers kann im Inneren die Weglän-
  ge verändert werden, die der Strom über einen Leiter
  mit spezifischem Widerstand nehmen muss. Dadurch
  verändert sich der elektrische Widerstand des Bau-
  teils. Durch das Gehäuse ist diese anschauliche Funktionsweise allerdings für die Lernenden nicht erkennbar und das Gerät somit eine Blackbox.
- In der Mitte und rechts sind verstellbare **Widerstände mit Drehknopf** zu sehen. Diese sind zwar auch jeweils Blackboxes für die Lernenden −das Prinzip des
  Drehknopfes, der etwas verändert, ist allerdings intuitiv verständlich und in der Regel bekannt. Beide
  Widerstände zeigen zudem das Schaltbild der Kom-
  ponente.

◘ **Abb. 4.13**   Verschiedene Gleichspannungsnetzgeräte. Welches
würden Sie auswählen, wenn Sie die Wahl haben?

❏ Abb. 4.17   Verschiedene Glühlampen. Die Betriebsspannung und Nennleistung ist üblicherweise auf dem Sockel eingeprägt

❏ Abb. 4.15   Verschiedene verstellbare Widerstände. Welchen würden Sie auswählen, wenn Sie die Wahl haben?

terpretationen durch die Lernenden führen kann (bspw. „Stromverbrauch").

■ LEDs

LEDs sollten mit einem Vorwiderstand zur Begrenzung des Stromflusses betrieben werden, damit sie nicht kaputt gehen. Hierzu eignet sich ein passend gewählter, fester Widerstand. Bei Streckbrettaufsätzen mit LEDs sind manchmal auch bereits Vorwiderstände fest verlötet, sodass kein separater Steckwiderstand notwendig ist. Ein prüfender Blick in das Gehäuse gibt hier Auskunft (❏ Abb. 4.16). Für die Lernenden kann es aber verwirrend sein, wenn je nach Bauweise mal ein zusätzlicher Steckwiderstand in der Schaltung vorhanden ist oder auch nicht.

■ Glühlampen

Es werden in Experimenten manchmal Glühlampen verwendet, bspw. um qualitativ das Fließen eines Stroms zu signalisieren. Bei der Auswahl der Glühlampen können die im Sockel eingravierten Kennwerte eine Orientierung liefern (❏ Abb. 4.17). Aber auch trotz gleicher Nennleistung können sich die Lampen je nach Alter und Charge in ihrer Helligkeit unterscheiden, was dann zu Fehlin-

■ Messgeräte

Die Wahl des passenden Messgerätes (vgl. ❏ Abb. 4.18) ist abhängig vom intendierten Zweck des Experiments und der intendierten Auswertungsmethode.

- Verändert sich der Wert im Laufe des Experiments, kann ein **Demonstrationsmultimeter** die richtige Wahl sein, da die Lernenden die Anzeige und die Änderung gut wahrnehmen können.

- Wird lediglich ein Wert bestimmt, kann auch ein **digitales Multimeter** verwendet werden, welches durch die Lehrkraft abgelesen wird. Dieses sollte aber dennoch gut sichtbar im Experiment aufgebaut werden.

- Für das Darstellen von funktionalen Zusammenhängen (bspw. U-I-Kennlinien) bieten sich **Computergestützte Messwerterfassungssysteme** wie *CASSY Lab* an. Die genaue Funktionsweise des Messwerterfassungssystems (Box, Kabel, Computer etc.) ist beim Experiment aber oft nicht relevant, sodass hier ver-

❏ Abb. 4.16   LED-Steckbrettaufsätze ohne Vorwiderstand (links) und mit fest verlötetem Vorwiderstand (rechts)

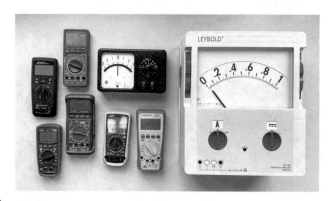

❏ Abb. 4.18   In der Sammlung gibt es oft viele verschiedene Messgeräte. Welches wählen Sie? Wie stellen Sie jeweils eine gute Sichtbarkeit der Messwerte für die Lernenden sicher?

einfacht erklärt werden kann, dass der Computer mit dem Gerät die Werte misst und auf dem Bildschirm als Graph anzeigt.

4.2.4 Beispiele zur Gestaltung des Aufbaus

Am Beispiel des eingangs bereits gezeigten Experiments zur Messung der U-I-Kennlinie einer Solarzelle werden im Folgenden verschiedene Gestaltungsmöglichkeiten des Aufbaus vorgestellt und diskutiert (◘ Abb. 4.11). Für eine gute Übersichtlichkeit bietet sich hier die Nutzung eines Steckbretts an, damit bspw. keine Kabel ineinander gesteckt werden müssen und kurze Verbindungsstücke verwendet werden können.

■ **Positionierung des Steckbretts**
Der Aufbau in ◘ Abb. 4.19 zeigt eine erste Umsetzung der Schaltung, bei der bereits allgemeine Gestaltungsprinzipien aus ▶ Kap. 3 umgesetzt wurden.

Die Schaltung liefert die gewünschten Messwerte und wirkt aus der Vogelperspektive recht übersichtlich, ist aber aus der Perspektive der Lernenden nicht optimal einsehbar (◘ Abb. 4.20).

Durch das aufrechte Aufstellen des Steckbretts kann die Sichtbarkeit des Aufbaus für die Lernenden erhöht werden (◘ Abb. 4.21).

■ **Variation der Messgeräte**
Auch die Wahl und die Positionierung der Messgeräte wirkt sich unmittelbar auf das Gesamtbild des Aufbaus aus. Die Entscheidung hängt dabei natürlich vom intendierten Zweck des Experiments ab. Die in ◘ Abb. 4.21 gezeigten Multimeter eignen sich z. B. gut für einen kompakten Aufbau und können zudem bei schlechten Lichtverhältnissen beleuchtet werden. In ◘ Abb. 4.22 sind die Geräte durch große Demonstrationsgeräte ersetzt worden. Hier können Messwerte besser abgelesen werden und es wird oft einfacher ersichtlich, welches Gerät welche Größe anzeigt. Allerdings wirkt die eigentliche Schaltung jetzt vergleichsweise sehr klein, sodass sie nun möglicherweise weniger im Fokus der Lernenden steht.

Auch computergestützte Messwerterfassungssysteme wie CASSY Lab können in einem solchen Experiment verwendet werden. Durch das zusätzliche Modul samt Kabeln wird aber auch die Komplexität des Aufbaus deutlich erhöht (◘ Abb. 4.23).

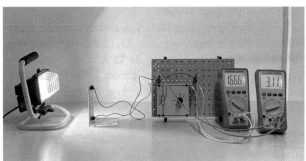

◘ **Abb. 4.21** Steckbretter lassen sich mit Aufstellern so positionieren, dass die Lernenden alle Bereiche der Schaltung einsehen können

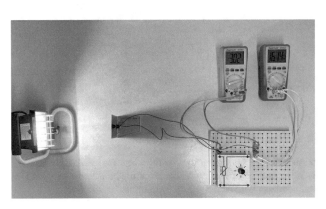

◘ **Abb. 4.19** Schaltung zur Messung der U-I-Kennlinie einer Solarzelle. Die Schaltung ist zwar technisch funktional, aber für ein Demonstrationsexperiment noch nicht optimal

◘ **Abb. 4.22** Demonstrationsmultimeter bieten gute Sichtbarkeit, aber die Schaltung selbst wirkt daneben sehr unscheinbar

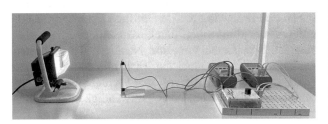

◘ **Abb. 4.20** Dieselbe Schaltung wie in ◘ Abb. 4.19 ist aus einem flacheren Blickwinkel schwer einsehbar

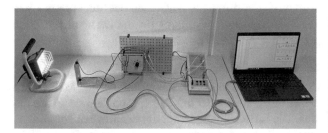

◘ **Abb. 4.23**   Computergestützte Messwerterfassungssysteme bieten viele Vorteile bei der Messwertaufnahme und Auswertung, erhöhen aber die Komplexität des Aufbaus

Tipp

Da es sich bei dem CASSY-Modul im Grunde um eine Blackbox für Lernende handelt, bietet es sich an, dieses so zu positionieren, dass es nicht die Blicke der Lernenden auf sich zieht. In ◘ Abb. 4.24 wird durch die Kabelführung deutlich, dass die Werte am Computer angezeigt werden, auch wenn das Messmodul selbst nicht zu sehen ist.

◼ **Visualisierungsstrategien**

Auf dem Steckbrett kann die Strukturierung der Schaltung ebenfalls variiert werden. Die bisher verwendete, kompakte Konfiguration ist in ◘ Abb. 4.25 als Ausschnitt dargestellt. Vorteil bei dieser Variante ist, dass keinerlei zusätzliche und potentiell verwirrende Steckverbindungen benötigt werden.

Eine Alternative kann es aber sein, durch zusätzliche Steckbrücken die Schaltung so umzubauen, dass strukturelle Ähnlichkeiten zur Schaltskizze deutlicher hervorgehoben werden (Abb. 4.26).

Der veränderbare Widerstand nimmt in der Schaltung recht viel Platz ein und hat ein vergleichsweise komplexes Schaltbild. Wenn im Experiment nicht näher auf die Details des Widerstands eingegangen werden soll, kann das Schaltbild durch eine Papierschablone weiter vereinfacht werden, wie in ◘ Abb. 4.27 gezeigt wird. Dies kann z. B. hilfreich sein, wenn es primär um die Aufnah-

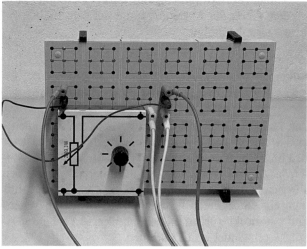

◘ **Abb. 4.25**   Diese Variante der Schaltung ist sehr kompakt

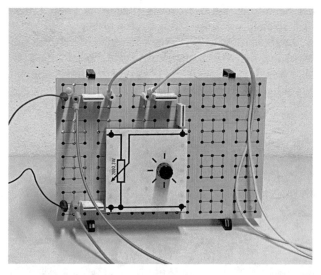

◘ **Abb. 4.26**   Durch zusätzliche Steckbrücken wird die Schaltung zwar weniger kompakt, kann aber strukturell angepasst werden. Der veränderbare Widerstand wurde ebenfalls neu positioniert

me von Messwerten und weniger um den Messaufbau an sich gehen soll.

Die im vorigen Abschnitt dargestellten Variationen zeigen deutlich, wie groß der Einfluss mancher Gestaltungsentscheidungen auf den Gesamteindruck des Aufbaus ist. Spezifische Vor- und Nachteile der einzelnen Aufbauten hängen dabei natürlich mit den konkreten Zielen des Experimentierens, den verfügbaren Komponenten und den technischen Notwendigkeiten zusammen.

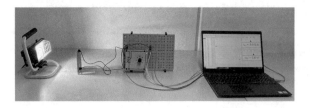

◘ **Abb. 4.24**   Hier wurde das Messmodul so positioniert, dass es nicht vom eigentlichen Aufbau ablenkt

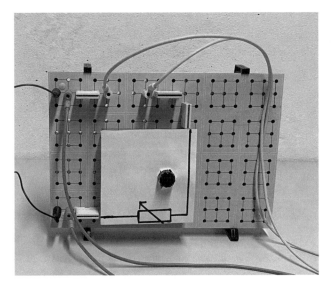

Abb. 4.27 Eine Vereinfachung des Schaltbildes kann durch zusätzliche Papierschablonen erzielt werden, die unnötig komplizierte Elemente abdecken

4.3 Experimente der Optik

Experimente zur Optik bieten nicht bloß „nüchterne" Einblicke in die physikalische Beschaffenheit des Lichts, sondern sind häufig auch schön anzusehen, da die gezeigten Phänomene eine ganz eigene Ästhetik besitzen. Optische Phänomene jedoch im Demonstrationsexperiment so darzustellen, dass sie gut sichtbar sind und voll zur Geltung kommen, ist in der Praxis nicht immer einfach.

4.3.1 Typische Schwierigkeiten

Folgende themenspezifische Schwierigkeiten können auftreten:

- **Justage:** Viele optische Aufbauten benötigen eine recht genaue Justierung, um gute Ergebnisse zu erzielen. Sie sind daher im Aufbau entsprechend zeitaufwendig und sind nicht einfach zu variieren.
- **Technisch notwendige Komponenten:** Oft werden im Experiment Komponenten benötigt, die konzeptionell nicht relevant sind, aber zur Präparation des Effekts benötigt werden (z. B. verschiedene Blenden oder Kondensorlinsen). Diese erhöhen die Komplexität der Aufbauten und machen es schwierig, Wichtiges von Unwichtigem zu unterscheiden.
- **Abdunkelung:** Damit die Phänomene gut sichtbar werden, ist es oft erforderlich, die Umgebung abzudunkeln. Dadurch sind aber gleichzeitig andere Elemente des Aufbaus nicht mehr gut zu erkennen. Zudem ergeben sich Sicherheitsrisiken, wenn Ler-

nende sich im abgedunkelten Raum bewegen, z. B. um das Experiment aus der Nähe zu betrachten.
- **Verschiedene Modelle:** Zur Erklärung der gezeigten Phänomene werden verschiedene Modelle herangezogen (z. B. das Strahlmodell oder das Wellenmodell), die im Experiment selbst aber nicht direkt ersichtlich werden. Dies macht die Übertragung der Erkenntnisse schwierig.

Die Durchführung optischer Experimente im Demonstrationsexperiment erfordert daher einiges an Planung, Geduld und Fingerspitzengefühl, um das Phänomen selbst sowie den Modellbezug für die Lernenden zugänglich zu machen.

Nachfolgend werden typische Schwierigkeiten, ausgewählte Sicherheitshinweise, Anmerkungen zur Auswahl von Komponenten sowie Beispiele für die Gestaltung von Aufbauten diskutiert.

4.3.2 Ausgewählte Sicherheitshinweise

Nachfolgend werden ausgewählte, sehr zentrale Sicherheitshinweise zu diesem Themenschwerpunkt herausgegriffen und erläutert. In ▶ Kap. 7 werden darüber hinaus weitere themenübergreifende schulische Sicherheitshinweise beschrieben.

- **Laser:** Werden Laser verwendet, ist besondere Vorsicht geboten. Verwenden Sie nur die zugelassenen niedrigen Laserklassen (1, 1M, 2, 2M). Grundsätzlich sollte jeder Laser so behandelt werden, als wenn von ihm eine Gefahr ausgeht. Vermeiden Sie daher Reflexionen und legen Sie vor dem Experimentieren reflektierende Gegenstände wie Ringe, Armbanduhren etc. ab. Schauen Sie niemals in den Laser und stellen Sie sicher, dass Sie (und Ihr Publikum) sich niemals auf Augenhöhe mit dem Laserstrahl befinden. Sensibilisieren Sie andere für die prinzipielle Gefahr mit einem Warnschild und entsprechenden Einweisungen.
- **Dunkelheit:** Für Experimente der Optik muss der Raum häufig abgedunkelt werden. In abgedunkelten Räumen besteht aber erhöhte Verletzungsgefahr, da z. B. Hindernisse und Gefahrenquellen schlechter erkannt werden können. Dunkeln Sie den Raum daher nur soweit ab wie nötig. Halten Sie Fluchtwege stets frei von Stolperfallen. Es können auch kleine Lampen als „Positionslichter" aufgestellt werden.
- **Hitzequelle:** Manche Lichtquellen werden bei Benutzung sehr heiß. Es besteht daher Brandgefahr für Abdeckungen (z. B. Pappe, Tücher) und Verbrennungsgefahr für Personen beim Ab- bzw. Umbauen. Planen Sie daher genügend Zeit für die Abkühlung der Lichtquellen ein.

4.3.3 **Auswahl der Komponenten**

Je nach Ausstattung der Sammlung stehen verschiedene Systeme (Materialsets von Lehrmittelherstellern), Lichtquellen und auch Alltagsmaterialien zur Verfügung, aus denen die passenden Teile ausgewählt und kombiniert werden können. Im Folgenden werden dazu einige praxisnahe Beispiele beschrieben und diskutiert.

- **Wahl von Alltagsmaterialien und Systemen**
- Viele optische Phänomene lassen sich mit alltäglichen Gegenständen untersuchen, die den Lernenden bereits bekannt sind (◘ Abb. 4.28). Die Verwendung von **Alltagsmaterialien** hat oft den Vorteil, dass den Lernenden die Materialien und ihre Funktionsweise bekannt sind. So kann im Experiment recht einfach an bereits Bekanntes angeknüpft werden.

◘ **Abb. 4.28**   Verschiedene Alltagsmaterialien für optische Experimente

- Eine **optische Bank** mit entsprechenden Aufsätzen ermöglicht eine präzise Justage der Bauteile und einen stabilen Aufbau (◘ Abb. 4.29). So können auch komplexere Aufbauten mit vielen Komponenten bspw. für quantitative Experimente mit Gittern realisiert werden. Allerdings sind die Materialien recht kostspielig und die gute Justagemöglichkeit geht zulasten der Flexibilität.
- **Tisch- oder Tafelsysteme** (◘ Abb. 4.30) sind kostengünstig und flexibel einsetzbar. Die charakteristische Form verschiedener Linsentypen ist gut für die Lernenden erkennbar. Durch die Positionierung auf einem Tisch oder der Tafel kann der Aufbau zudem sehr einfach mit zusätzlichen Informationen (bspw. Beschriftungen der Komponenten) kombiniert werden. Allerdings sind meist deutlich weniger verschiedene Varianten der Komponenten (bspw. Linsen verschiedener Brennweiten) verfügbar als für die optische Bank, sodass die Möglichkeiten für quantitative Experimente beschränkter sind.

◘ **Abb. 4.29**   Aufbau zur Untersuchung von Linsenabbildungen auf der optischen Bank

◘ **Abb. 4.30**   Tischsystem mit optischen Modellkörpern

- **Wahl der Lichtquelle**

Die Lichtquelle muss passend zum Experiment gewählt werden, da oft sehr verschiedene Eigenschaften des Lichts eine Rolle spielen. Für das Erzeugen von optischen Abbildungen (bspw. mit durchleuchteten Dias) ist in der Regel lediglich eine hinreichend lichtstarke Quelle erforderlich. Sollen hingegen Strahlengänge anhand des Strahlenmodells verdeutlicht werden, muss das Licht entsprechend präpariert werden. Hierfür können –wenn vorhanden – so genannte „Strahlenboxen" genutzt werden, die mehrere **dünne parallele Lichtstrahlen** oder ein breites Strahlenbündel emittieren können (◘ Abb. 4.31).

Bei solchen didaktisch optimierten Lichtquellen handelt es sich allerdings um eine Blackbox für Lernende, da innerhalb der Box entscheidende Präparationsschritte nicht sichtbar sind (z. B. die Kollimation durch einen

Hohlspiegel oder Linsen sowie die anschließende Erzeugung von Strahlen durch Spaltblenden).

Eine einfache Alternative kann durch Spaltblenden aus Pappe realisiert werden. Dies liefert zwar weniger ideale Bedingungen, zeigt aber deutlich, dass es sich bei Lichtstrahlen um idealisierte, modellhafte Konstrukte handelt, die für das Experiment zunächst entsprechend präpariert werden mussten (◘ Abb. 4.32).

Für Experimente zur Spektroskopie müssen beispielsweise die **spektralen Eigenschaften** verschiedener Lampen

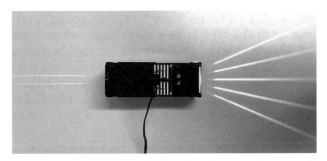

◘ Abb. 4.31   Eine Strahlenbox liefert in guter Näherung idealisierte Lichtstrahlen für Experimente

◘ Abb. 4.32   Eine selbst gebastelte Alternative zur Strahlenbox

◘ Abb. 4.34   Metalldampflampen für Experimente zur Spektroskopie gibt es in verschiedenen Ausführungen. Links ein Modell mit integriertem Trafo, rechts eine Variante mit externem Betriebsgerät

berücksichtigt werden (**◘** Abb. 4.33). Thermische Quellen wie Glühlampen besitzen ein kontinuierliches Spektrum, während z. B. das Spektrum weißer LEDs aus verschiedenen diskreten Spektren zusammengesetzt sein kann.

Zur Untersuchung diskreter Spektren können Natrium- oder Quecksilberdampflampen genutzt werden. Diese benötigen oft ein eigenes Betriebsgerät und werden sehr heiß (**◘** Abb. 4.34). Je nach spektralen Eigenschaften können entsprechende Lichtquellen zudem auch auch UV-Anteile emittieren (z. B. die Quecksilberdampflampe).

Für Experimente zur **Interferenz** ist hingegen meist eine hohe Kohärenzlänge des Lichts gewünscht, weshalb hierfür oft Laser Verwendung finden. Beim Einsatz eines Lasers sind jedoch besondere Sicherheitsaspekte zu beachten (s. dazu auch ▶ Kap. 7).

4.3.4   Beispiele zur Gestaltung des Aufbaus

■ **Modell- oder Phänomenbezug?**

Die eingangs vorgestellten optischen Systeme unterscheiden sich nicht nur in Hinblick auf technische Aspekte des Aufbaus, sondern sind auch aus didaktischer Sicht auf unterschiedliche Aspekte hin optimiert. Insbesondere das Verhältnis zwischen Phänomen- und Modellebene unterscheidet sich je nach eingesetztem Aufbau.

Die **◘** Abb. 4.35 zeigt einen einfachen Aufbau zur Untersuchung von Linsenabbildungen: Ein leuchtender Gegenstand wird durch eine Sammellinse auf einen Schirm abgebildet. Dieser Aufbau adressiert primär die **Phänomenebene**, da hier das entstehende Bild im Fokus steht. Lernende können auch direkt durch die verwendeten Linsen schauen und ein entsprechend verändertes Abbild des Gegenstands unmittelbar wahrnehmen. Auch Aufbauten mit Alltagslinsen (Lupe, Brille, gefülltes Wasserglas) eignen sich gut, um die Phänomenebene zu adressieren.

Die Modellebene selbst wird hingegen im Aufbau nicht ersichtlich. Um das betrachtete Phänomen im Strahlenmodell als Abbildung an einer Sammellinse nachvollziehen zu können, ist es daher nötig, zusätzlich modellhafte Darstellungen einzubeziehen.

Eine Strahlenbox in Verbindung mit flachen Modellkörpern ist auf die Darstellung von Strahlengängen optimiert, weshalb sie sich vor allem dafür eignet, die

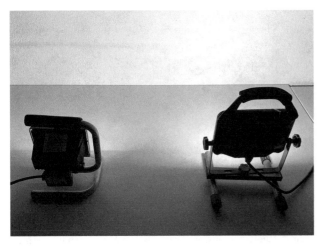

◘ Abb. 4.33   Das Spektrum klassischer Glühlampen (links) unterscheidet sich von dem moderner LEDs (rechts)

◻ **Abb. 4.35**   Aufbau zum Abbildungsverhalten von Sammellinsen auf der optischen Bank

Modellebene darzustellen. In ◻ Abb. 4.36 kann das Brechungsverhalten der Sammellinse direkt im Strahlenmodell nachvollzogen werden. Auch lassen sich zentrale Größen wie die Brennweite der Linse direkt bestimmen. In diesem Experiment ist jedoch ein hoher Grad an Idealisierung vorhanden und die Phänomenebene tritt gegenüber der Modellebene in den Hintergrund.

Das Beispiel zeigt daher sehr deutlich, dass es nicht „das eine Experiment für alles" gibt, sondern dass es sich in vielen Fällen anbietet, mehrere Experimente zu verschiedenen Aspekten eines Phänomens einzubeziehen. Dabei müssen allerdings die Bezüge zwischen den Experimenten deutlich werden, damit es gelingt, die verschiedenen Repräsentationen miteinander zu verknüpfen. Auch wenn beide Experimente den gleichen physikalischen Gegenstand zum Thema haben (nämlich in diesem Fall eine Sammellinse) sind sie nämlich auf den ersten Blick grundverschieden.

Greifen Sie auch – wenn möglich – auf zusätzliche Materialien wie Simulationen zurück, um den Lernenden Bezüge zwischen den verschiedenen Ebenen aufzuzeigen.

■ **Justage und Abschirmung**

Beim Aufbau von optischen Experimenten ist oft Geduld und Genauigkeit gefragt. Auch für vermeintlich einfach zu erzeugende Phänomene, wie die Spektralzerlegung am Prisma, sind mehrere Komponenten erforderlich. Da die

Lichtquelle in der Regel nicht kollimiert ist, reicht es nicht aus, lediglich ein Prisma hinter der Glühlampe aufzustellen: Das in ◻ Abb. 4.37 zu sehende Spektrum ist daher nur schwach zu erkennen und zudem unscharf. In diesem konkreten Fall sind neben der Lichtquelle und dem Prisma beispielsweise noch eine Spaltblende und zwei Sammellinsen notwendig, um das divergente Licht der Glühlampe zu kollimieren und ein gut sichtbares Spektrum zu erhalten.

Bei der Verwendung einer optischen Bank empfiehlt es sich, zu Beginn die Komponenten grob auf der Bank zu positionieren. Die optische Bank hilft dabei, die Komponenten hintereinander entlang einer festen Achse auszurichten. Es muss aber zusätzlich darauf geachtet werden, dass die Komponenten auch innerhalb ihrer Fassung (dem „Reiter") möglichst gerade eingebaut werden und nicht in einem Winkel zueinander stehen (◻ Abb. 4.38). Auch die relative Höhe der Komponenten zueinander sollte bereits zu Beginn justiert werden. Anschließend folgt die Feinjustage der Abstände der Komponenten untereinander.

◻ **Abb. 4.37**   Um das Spektrum einer Glühlampe gut sichtbar abzubilden, werden weitere Komponenten benötigt

◻ **Abb. 4.38**   Eine gerade Ausrichtung der Bauteile in ihrer Fassung erleichtert die weitere Justage. Oben: Die einzelnen Komponenten sind zueinander verdreht aufgestellt. Unten: Alle Komponenten wurden so ausgerichtet, dass sie senkrecht zur optischen Achse stehen

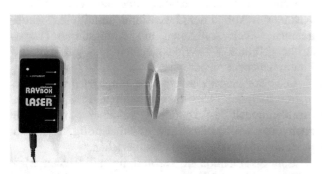

◻ **Abb. 4.36**   Optische Modellkörper in Verbindung mit einer Strahlenbox eignen sich gut zur Verdeutlichung von Strahlengängen

Der fertig justierte Aufbau mit einem scharf abgebildeten Spektrum ist in ◘ Abb. 4.40 dargestellt. Trotz guter Justage ist jedoch das Spektrum auf dem Schirm nicht gut erkennbar. Dies liegt unter anderem am Streulicht der Glühlampe, die zudem auch das Publikum blendet. Durch eine seitliche Abschirmung der Lichtquelle kommt das erzeugte Spektrum deutlich besser zur Gel-

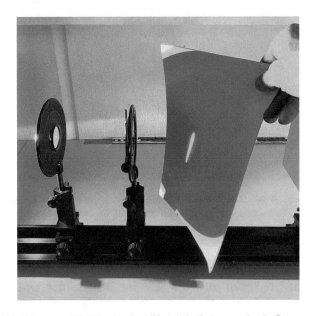

◘ **Abb. 4.39** Ein Blatt Papier hilft dabei, die Justage des Aufbaus zu beurteilen

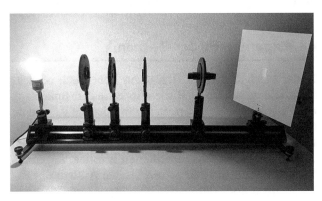

◘ **Abb. 4.40** Um das Spektrum eines Prismas auf der optischen Bank zu zeigen, werden viele Komponenten benötigt, die sich zudem sehr ähnlich sehen. Außerdem ist ein gewisser Justageaufwand nötig

tung, ohne dass der Raum selbst noch stärker abgedunkelt werden muss (◘ Abb. 4.41).

- **Sichtbarkeit**

Auch bei gut justierten Aufbauten ist es bisweilen schwierig, das intendierte Phänomen für die Lernenden gut und deutlich sichtbar zu machen. Sofern die Lichtquelle hell genug ist, kann statt eines kleinen Schirms auch eine weiter entfernte größere Fläche zur Projektion genutzt werden, um bessere Sichtbarkeit zu erzielen (◘ Abb. 4.43).

Eine weitere Möglichkeit ist, das Bild während des Experiments über eine Kamera aufzunehmen und auf Beamer, Smartboard oder mobile Endgeräte zu streamen (◘ Abb. 4.44).

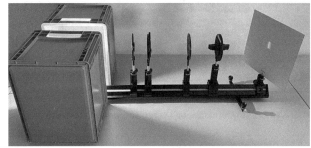

◘ **Abb. 4.41** Störlicht kann durch einfache Abschirmungen deutlich reduziert werden

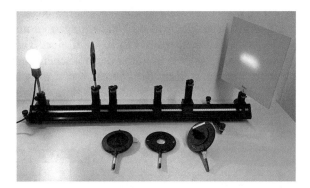

◘ **Abb. 4.42** Sind die passenden Höhen einmal gefunden, können sie mit Klebeband markiert werden, um später schnell Komponenten zu tauschen oder einzusetzen

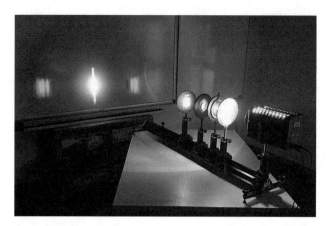

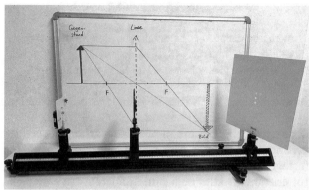

Abb. 4.43   Das Spektrum eines Gitters kann gut auf einer weißen Fläche im Raum sichtbar gemacht werden. So ist es besser sichtbar als auf einem kleinen Schirm

Abb. 4.45   Mithilfe zusätzlicher Visualisierungen kann der Modellbezug des Experiments verdeutlicht werden

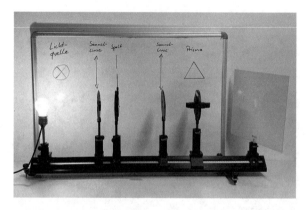

Abb. 4.46   Da viele optische Elemente aus größerer Entfernung sehr ähnlich aussehen, sind Beschriftungen für den besseren Überblick sinnvoll

Abb. 4.44   Für bessere Sichtbarkeit können Phänomene mittels einer Kamera aufgenommen und vergrößert projiziert werden

▪ Visualisierungsstrategien

Darüber hinaus stellt sich die Frage, wie die Funktionsweise des optischen Aufbaus für Lernende transparent gemacht und Phänomen- und Modellebene miteinander in Beziehung werden können. Hierzu bietet es sich an, zusätzliche Medien und Darstellungen zu nutzen, die passgenau zum realen Aufbau auf einer Tafel oder einem Blatt Papier z. B. hinter der optischen Bank präsentiert werden können. So können bspw. passend zum Bild auf dem Schirm entsprechende Rekonstruktionen der Abbildung im Strahlenmodell erarbeitet werden (◘ Abb. 4.45).

Die zuvor genannten Aspekte zeigen verschiedene Schwierigkeiten auf, die sich im Bereich der Optik ergeben: Während aus Lernendensicht die Verbindung von Experiment und Modell eine Verständnishürde darstellen kann, sind aus Lehrendensicht nicht zuletzt die praktischen Aspekte der Justage zu beachten.

4.4 Experimente der Mechanik

In der Mechanik liegen **Bezüge zur Lebenswelt** oft sehr nahe. Hierzu gehören z. B. die Wippe auf dem Spielplatz, der Flaschenzug an einem Baukran oder die Rampe an einem Gebäude. Diese Bezüge können bei der Ausgestaltung der Experimente genutzt werden. Wählen Sie einen realitätsnahen, problemorientierten Einstieg, zeigen Sie reale Umsetzungen und passen Sie den Aufbau des Experiments optisch daran an.

> **Tipp**
>
> Um die Übersichtlichkeit zu erhöhen, können die verschiedenen Komponenten komplexer Aufbauten auch in reduzierter Form skizziert werden (◘ Abb.4.46).

4.4.1 Typische Schwierigkeiten

Bei der Gestaltung von Experimenten im Themenbereich Mechanik (und auch über den Themenbereich hinaus) geht es meist auch darum, die Aufbauten stabil und standsicher mit Stativmaterial aufzubauen. Hierbei können u. a. die folgenden themenspezifischen Schwierigkeiten auftreten:

— **Passung der Materialien:** Oft ist das zur Verfügung stehende Stativmaterial eine Sammlung aus verschiedenen Systemen, die untereinander nicht immer beliebig kombinierbar sind (z. B. durch verschiedene Stangendurchmesser oder Verbindergrößen). Die Aufbauten können dann durch unsachgemäße Verwendung von Elementen instabil werden und das Material kann Schaden nehmen.

— **Improvisieren:** Da Standardkomponenten selten exakt auf die eigene Anwendung passen, müssen die entsprechenden Stangenlängen oder Verbindungselemente häufig aus anderen Teilen zusammengesetzt oder vollständig improvisiert werden.

— **Befestigungen:** Es muss das richtige Maß an Befestigungsmaterial gefunden werden: Zu wenig befestigte oder ungünstig konzipierte Aufbauten stellen ein Sicherheitsrisiko dar. Zu viel Befestigungsmaterial macht den Aufbau unübersichtlich.

4.4.2 Ausgewählte Sicherheitshinweise

Nachfolgend werden ausgewählte, sehr zentrale Sicherheitshinweise zu diesem Themenschwerpunkt herausgegriffen und erläutert. In ▶ Kap. 7 werden darüber hinaus weitere themenübergreifende schulische Sicherheitshinweise beschrieben.

— **Hängen bleiben und Stoßen:** Eine große Gefahr besteht beim Experimentieren mit Stativaufbauten darin, dass man daran hängen bleiben oder sich stoßen kann. Grundsätzlich sollten Aufbauten so gestaltet werden, dass so wenig Überstände wie möglich entstehen. Wo sich Überstände nicht vermeiden lassen, sollten diese abgepolstert werden.

— **Umfallen:** Schwere Teile wie Stativfüße oder größere Massestücke, müssen vor dem Herunter- oder Umfallen gesichert werden. Auch der übrige Aufbau muss in seiner Statik entsprechend auf die großen Gewichte ausgelegt sein. Versuchen Sie daher bspw., den Aufbau mit am Tisch verschraubbaren Klemmen zu realisieren.

— **Transport:** Das Anheben und der Transport von verschraubten Aufbauten ist gefährlich, da sich einzelne Verschraubungen lösen und herunterfallen können. Bereiten Sie Aufbauten ggf. auf einem Rollwagen vor und heben Sie Stativkonstruktionen nicht zusammengebaut hoch. Komponenten, wie bspw. der Stativfuß, könnten sich lösen und herunterfallen.

— **Bewegliche & rotierende Teile:** Bei rotierenden oder beweglichen Teilen im Aufbau besteht Quetschungsgefahr. Greifen Sie daher nicht mit der Hand in einen rotierenden Aufbau. Auch Haare und lose Teile der Kleidung können sich in den entsprechenden Teilen verfangen. Binden Sie daher falls erforderlich Ihre Haare zusammen und tragen Sie passende Kleidung.

4.4.3 Auswahl der Komponenten

Je nach Ausstattung der Sammlung stehen verschiedene Stativmaterialien, Kraftmesser und andere Komponenten zur Verfügung, aus denen die passenden Teile ausgewählt und kombiniert werden können. Im Folgenden werden dazu ein paar praxisnahe Beispiele beschrieben und diskutiert.

■ **Stativmaterial**

Stativmaterial gibt es in verschiedenen Ausführungen und es kann in vielen Variationen kombiniert werden (◘ Abb. 4.47). Ein wichtiger Aspekt bei der Auswahl passender Komponenten ist die Standsicherheit. Kleine Tonnenfüße eignen sich beispielsweise für leichte und kleine Komponenten, die wenig Platz beanspruchen. Für größere und schwerere Komponenten sollten entsprechend Füße mit größerer Standfläche oder Tischklemmen gewählt werden.

Um mehrere Stativstangen miteinander zu verbinden, werden entsprechende Klemmen benötigt (◘ Abb. 4.48). Es ist wichtig, dass die Stange gerade eingespannt und entlang der vorgesehenen Nut geführt wird (◘ Abb. 4.49). Hierdurch wird sichergestellt, dass die Verbindung sowohl Zug- und Druckkräfte als auch ausreichend große Rotations- bzw. Scherkräfte aufnehmen kann.

Für manche Anwendungen sind Verbindungen notwendig, die parallel oder im 90°-Winkel verlaufen. Hierfür sind starre Muffen mit entsprechend vorgegebenen Möglichkeiten die beste Wahl (◘ Abb. 4.48, links). Belie-

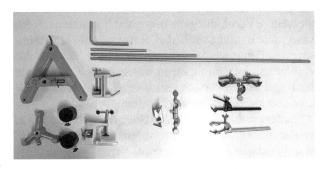

◘ **Abb. 4.47** Stativmaterial gibt es in vielen verschiedenen Varianten und Größen

◻ Abb. 4.48   Verschiedene Verbindungselemente. Links: Starre Verbinder bieten gute Stabilität, da sie aus einem Stück gefertigt sind, erlauben allerdings nur vorgegebene Winkel. Rechts: Verbinder mit Drehgelenk erlauben die Einstellung von beliebigen Winkeln, sind aber je nach Ausführung weniger stabil

◻ Abb. 4.49   Beim Einspannen von Stativstangen ist darauf zu achten, dass die Stange in der vorgesehenen Nut liegt. Im linken Bild wurde dies nicht beachtet, das rechte Bild zeigt die korrekte Umsetzung

bige Winkel zwischen zwei Stangen lassen sich mit drehbaren Verbindern realisieren (◻ Abb. 4.48, rechts).

Neben Verbindern für Stativstangen gibt es zahlreiche weitere Verbindungselemente und Klemmen, mit denen andere Bauteile wie Kabel, Sensoren oder Kraftmesser eingespannt werden können (◻ Abb. 4.50). Für das Verbinden von Stativstangen bieten diese Klemmen in der Regel jedoch keine ausreichende Stabilität und sollten daher nicht hierfür zweckentfremdet werden.

Zudem sollten **überstehende Stangenenden** vermieden werden, da man sich an ihnen stoßen und verletzen kann. In ungünstigen Fällen kann dabei (zusätzlich) auch der Aufbau umgerissen werden (◻ Abb. 4.51).

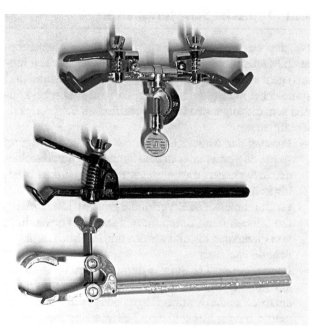

◻ Abb. 4.50   Klemmen zur Aufhängung oder Einspannung von weiteren Elementen

▪ Federkraftmesser

Federkraftmesser gibt es in verschiedenen Ausführungen und für verschiedene Messbereiche. Stets sollte die Stärke der Feder (und damit der maximale Messbereich) passend zur Anwendung gewählt werden, um Beschädigungen zu vermeiden.

> **Tipp**
>
> Ist kein passender Kraftmesser für den gewünschten Einsatzzweck vorhanden, kann auch eine Schraubenzugfeder ohne Skala oder eine Hängewaage genutzt werden.

In ◻ Abb. 4.52 sind zwei Federkraftmesser zu sehen. Der obere hat eine schwarz-weiße Skala, die auch aus der Entfernung noch recht gut zu erkennen ist (*„Wie viele Län-*

◻ Abb. 4.51   Überstehende Enden von Stativstangen (links) stellen ein Unfallrisiko dar. Daher sollten −sofern möglich− Überstände vermieden werden (rechts)

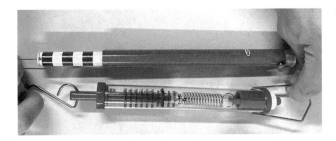

▢ Abb. 4.52 Zwei Modelle von Kraftmessern im Vergleich. Beide haben eigene didaktische Vorteile

▢ Abb. 4.53 Viele Alltagsmaterialien können als improvisierte Gewichte verwendet werden

genabschnitte sind nach dem Anhängen eines Massestücks zu sehen?"). Für viele quantitative Experimente ist das Zählen der Längenabschnitte ausreichend. Die Umrechnung der Längenabschnitte in physikalische Einheiten ist allerdings für Lernende eine (kleine) zusätzliche Verständnishürde. Kraftmesser mit durchsichtigem Gehäuse und mit Skala verdeutlichen schnell die Funktionsweise von Kraftmessern und den Zusammenhang zum Hooke'schen Gesetz (▢ Abb. 4.52, unten). Änderungen der Länge oder die Skala sind aber auf Entfernung nicht erkennbar. Diese Variante ist somit eher für Schülerexperimente zu empfehlen.

■ **Alltagsmaterialien**

Neben den Grundbestandteilen vieler Aufbauten, wie z. B. Stativmaterial und Kraftmesser, sind viele weitere Komponenten im Bereich Mechanik einsetzbar. Insbesondere können auch viele Alltagsgegenstände als Experimentiermaterial oder Messgeräte zum Einsatz kommen. Neben der Verfügbarkeit ist es ein großer Vorteil, dass die Lernenden die Gegenstände und die Verwendung (im Alltag) bereits kennen und somit das Erfassen der Experimentiersituation vereinfacht wird.

Als **improvisierte Gewichte** können Flüssigkeiten, Sand, Schrauben oder auch Kieselsteine verwendet werden (▢ Abb. 4.53). Statt einer **eingespannten Saite** (Monochord) kann auch (mit den Lernenden) selbstgebautes Experimentiermaterial oder ein Musikinstrument wie eine Gitarre oder Ukulele verwendet werden (▢ Abb. 4.54). Der Bezug der Physik zum Alltag wird so besonders stark deutlich.

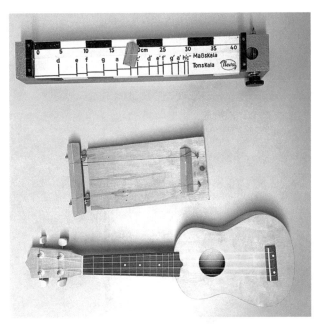

▢ Abb. 4.54 Von oben nach unten: Monochord aus der Sammlung, selbstgebautes Monochord und Ukulele

4.4.4 Gestaltung des Aufbaus

Durch die Verwendung von Stativmaterial ergibt sich für Experimente eine enorme Flexibilität für ganz unterschiedliche Aufbauten. Mit ein wenig Improvisation und Geschick können so auch viele Alltagsgegenstände für Experimente verwendet werden. Unabhängig von der Bandbreite der Themen und Experimente sind bei Stativaufbauten jedoch die folgenden Überlegungen und Abwägungen hilfreich:

■ **Wie viel Stativmaterial ist nötig?**

Um den Aufbau so einfach und übersichtlich wie möglich zu halten, ist es sinnvoll, **so wenig Stativmaterial wie möglich** einzusetzen. Dies sollte aber niemals zulasten der Sicherheit des Aufbaus gehen! Der Aufbau für das Drehrad in ▢ Abb. 4.55 ist beispielsweise nicht ausreichend gegen Umkippen gesichert. Dieses Problem kann durch Nutzung einer Tischklemme gelöst werden, ohne dass zusätzliche Stützen benötigt werden (▢ Abb. 4.56).

Statt des eigens für diesen Zweck entworfenen Drehrads eines Lehrmittelherstellers, welches eine sehr stabile, kugelgelagerte Aufnahme für die Stativstange besitzt, kann auch eine Fahrradfelge als alltäglicher Gegenstand genutzt werden. Hier ist für die Befestigung aber deutlich mehr Stativmaterial erforderlich. Im hier gezeigten Umsetzungsbeispiel ließen sich überstehende Stangenenden nicht vermeiden (■ Abb. 4.57). Die Überstände wurden daher mit gut sichtbaren Plastikbällen abgepolstert, sodass sich auch mit diesem Aufbau nun sicher experimentieren lässt.

Die Entscheidung, ob man mit Alltagsmaterialien zulasten eines einfacher gestalteten Aufbaus experimentieren möchte, ist in der Praxis oftmals auch eine Frage der Ausstattung der Sammlung.

■ **Visualisierungsstrategien**

Viele Mechanikexperimente drehen sich um das Veranschaulichen oder Messen von Größen, wie Kräften, Massen und Strecken, sowie Zeiten, Geschwindigkeiten und

■ **Abb. 4.56**   Durch die Befestigung an der Tischplatte erhält das Drehrad mehr Stabilität ohne zusätzliches Stativmaterial

■ **Abb. 4.55**   Dieser Aufbau zum Drehrad ist unzureichend gegen Umkippen gesichert und sollte nicht verwendet werden

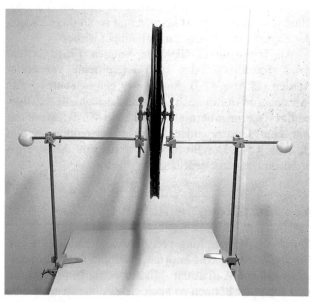

■ **Abb. 4.57**   Auch für Alltagsgegenstände wie Fahrradfelgen lassen sich mit Stativstangen sichere Aufbauten konstruieren

Frequenzen. Neben der quantitativen Messung solcher Größen für eine spätere Auswertung ist es hilfreich, Lernenden auch qualitative, visuelle Anhaltspunkte zu geben, damit sie sich beim Experimentieren eine Vorstellung von den relevanten Zusammenhängen machen können. Im Falle des zuvor diskutierten Beispiels mit einem Drehrad ist die Drehbewegung des Rads ohne weitere Hilfsmittel nur schwer zu erkennen.

Durch eine gut sichtbare **Markierung** wie in ◘ Abb. 4.58 wird die Bewegung deutlicher sichtbar und der Zusammenhang zu aufgenommenen Messwerten zugänglicher.

In ähnlicher Weise können **Markierungen** auch zur Veranschaulichung von Änderungen, wie z. B. zum Vergleich zwischen zwei Situationen genutzt werden (◘ Abb. 4.59 und 4.60). Hier unterstützen die Marker auch beim Ablesen und Messen der relevanten Strecken.

Manchmal könne visuelle Aspekte des Aufbaus die Lernenden auch in die Irre führen. Beispielsweise kann die Größe und Form von Massestücken zu falschen Annahmen bezüglich der tatsächlich existierenden Masse führen. Insbesondere wenn Massestücke aus verschiedenen Materialien und unterschiedlicher oder ungewöhnli-

◘ **Abb. 4.59** Mithilfe von Markierungen lassen sich die Seillänge (Klebeband) und die Höhe (Pfeil aus Pappe) markieren

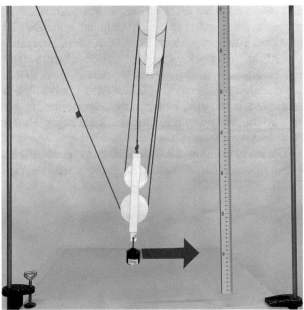

◘ **Abb. 4.60** Das Publikum kann die beiden relevanten Änderungen bei der Demonstration des Flaschenzuges so besser nachvollziehen

◘ **Abb. 4.58** Gut sichtbare Markierungen wie z. B. Pfeile können helfen, Geschwindigkeiten besser einschätzen zu können

◘ Abb. 4.61   Die Beschriftung mit konkreten Werten ist hilfreich, um sich nicht durch Form und Größe von Massestücken irreführen zu lassen

cher Form im selben Aufbau verwendet werden, kann es hilfreich sein, diese explizit zu beschriften (◘ Abb. 4.61).

Seile und Fäden sollten in der Regel deutlich sichtbar sein, da sie essentieller Bestandteil des Experiments sind. Aus fachlicher Sicht sollten sie aber „ideal", d. h. masselos, reibungsfrei und nicht dehnbar sein. Dies ist ein dickes Tau oder auch ein Wollfaden nicht. Hier muss in der Praxis oft ein Kompromiss zwischen Sichtbarkeit und Eigenschaften eingegangen werden. Zudem sollten bspw. Pedelaufhängungen – falls sinnvoll und möglich – bifilar, d. h. mit zwei Fäden, umgesetzt werden, damit ungewollte Bewegungen in anderen Richtungen als der Pendelachse vermieden werden.

Die zuvor genannten Aspekte zeigen unterschiedliche Schwierigkeiten auf, die sich im Bereich der Mechanik er-

geben: Stativaufbauten können auf verschiedene Weisen realisiert werden. Einfache, stabile Varianten sind in der Regel am besten, gelingen aber manchmal nicht auf Anhieb, sondern erst nach einigen Umbauten.

Literatur

DGUV. (Hrsg.). (2012). *Sicher experimentieren mit elektrischer Energie in Schulen: Grundlagen – Gefährdungsbeurteilung – Experimentieren.* ► https://publikationen.dguv.de/widgets/pdf/download/article/2603. Zugegriffen: 31. Aug. 2023.

Hilscher, H. (Hrsg.). (2012). *Physikalische Freihandexperimente* (Bd. 1–2). Aulis.

Kircher, E., Girwidz, R., & Fischer, H. E. (Hrsg.). (2020). *Physikdidaktik – Grundlagen* (4. Aufl.). Springer. ► https://doi.org/10.1007/978-3-662-59490-2.

Meyn, J.-P. (2013). *Grundlegende Experimentiertechnik im Physikunterricht* (2., aktualisierte Aufl.). Oldenbourg Verlag. ► https://doi.org/10.1524/9783486721249.

Pusch, A. (2023). Wie beginne ich mit dem Arduino? Über Anfangsschwierigkeiten von Lernenden und einen einfachen Einstieg in die textuelle Programmierung. *Der mathematisch-naturwissenschaftliche Unterricht, 76*(2), 94–98.

Pusch, A., & Haverkamp, N. (2022). *3D-Druck für Schule und Hochschule: Konstruktion von naturwissenschaftlichem Experimentiermaterial mit Best-Practice-Beispielen.* Springer. ► https://doi.org/10.1007/978-3-662-64807-0.

Wilke, H.-J. (Hrsg.). (1997–2002). *Physikalische Schulexperimente* (Bd. 1–3). Cornelsen/Volk und Wissen.

Tipps zur Vorführung

Inhaltsverzeichnis

Die Umsetzung und Optimierung eines guten Aufbaus kann durchaus einige Vorbereitungszeit in Anspruch nehmen. Dieser Zeiteinsatz zahlt sich aber meist auch im guten Gelingen bei der Vorführung aus. Die Vorführung vermeintlich simpler Experimente kann komplett schief gehen, wenn unvorhergesehene Schwierigkeiten auftreten, man aus dem Konzept gebracht wird oder wenn die Handlungen während des Experimentierens für die Lernenden nicht nachvollziehbar gestaltet sind.

Die folgenden Tipps zur Vorbereitung und zur Durchführung eines Experiments können Ihnen dabei helfen, die eigentliche Vorführung des Experiments möglichst lernwirksam zu gestalten.

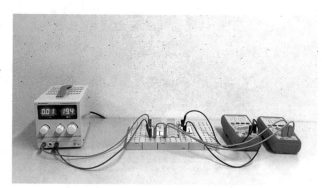

◘ Abb. 5.1   Aus der Lernendenperspektive sind bei diesem Aufbau die Schaltung und die Messwerte nicht zu erkennen

5.1 Vor der Vorführung

Eine Grundvoraussetzung für eine gelungene Vorführung ist, dass das Experiment im Einsatz auch wirklich funktioniert. Jede Fehlersuche während der Vorführung kostet Zeit und Nerven, demotiviert die Lernenden und sorgt für potentielle Verständnisschwierigkeiten.

Weiterhin ist es hilfreich, die folgenden Punkte zu bedenken:

- **Ein letzter Test vor dem Einsatz**
  Testen Sie das Experiment auch einmal in dem Raum und an der Position, wo es später vorgeführt wird. Im Klassenraum können die Lichtverhältnisse, technische Voraussetzungen (z. B. Position von Steckdosen) und notwendige Sicherheitsvorkehrungen anders sein als in der Sammlungsvorbereitung.

- **Sichtbarkeit prüfen**
  Das schönste Experiment nutzt nichts, wenn das Publikum nicht erkennen kann, was vor sich geht. Daher sollten Sie schon beim Aufbau darauf achten, dass eine gute Sichtbarkeit vor allem aus der Schülerperspektive gegeben sein muss. Testen Sie dies aus der ersten und der letzten Reihe und von den Plätzen am Rand (vgl. ◘ Abb. 5.1). In manchen Fällen kann es auch sinnvoll sein, Teile des Experiments mit Hilfe einer Kamera vergrößert an die Wand zu projizieren, um die Sichtbarkeit zu gewährleisten.
  Zudem sollten Sie auch bei der Vorführung den Aufbau nicht mit Ihrem Körper verdecken, bspw. wenn Sie Einstellungen vornehmen. Es bietet sich an, die Position notwendiger Bedienelemente so zu wählen, dass Sie diese von der Seite oder von einer Position hinter dem Aufbau aus bedienen können.

- **Auf Pannen vorbereitet sein**
  Seien Sie – so gut es geht – auf kleinere Pannen vorbereitet und überlegen Sie, wie Sie reagieren könnten. Legen Sie sich Ersatzteile wie Glühlampen, Reservebatterien oder ein zweites Multimeter bereit, um diese im Ernstfall nicht erst in der Sammlung suchen und besorgen zu müssen.

- **Einen Plan B haben**
  Manche Experimente haben trotz bester Vorbereitung keine „Gelinggarantie" (so sind z. B. Experimente zur Elektrostatik bei hoher Luftfeuchtigkeit manchmal nicht gut durchführbar). Überlegen Sie sich für diesen Fall eine sinnvolle Alternative, um die Unterrichtsstunde trotzdem sinnvoll gestalten zu können. Hierzu können etwa vorbereitete Simulationen oder Videos des Experiments zum Einsatz kommen (vgl. ▶ Kap. 6).

5.2 Während der Vorführung

Die Vorführung des Experiments verlangt neben fachlichen und technischen Kenntnissen der Lehrperson verschiedene didaktische Fähigkeiten. So spielen etwa *Elementarisierung* und *didaktische Rekonstruktion* eine wichtige Rolle, genauso wie Strategien effektiven Erklärens.[1] Nicht zuletzt sind natürlich auch „Soft Skills" wie z. B. Körpersprache, Rhetorik und Improvisationsfähigkeit von Bedeutung. In Ergänzung dazu finden Sie im Folgenden einige konkrete Tipps zur Gestaltung der Vorführung von Experimenten.

- **Nicht alle Details müssen gezeigt und erklärt werden**
  Bei komplexen Geräten wie z. B. Messwerterfassungssystemen oder speziellen Steuergeräten kommt es für die Lernenden oft nicht darauf an, wie das Gerät im Detail funktioniert oder angeschlossen wird. Diesbezügliche Erklärungen während der Vorführung machen das Verständnis des gesamten Aufbaus dann zusätzlich noch schwerer. In vielen Situationen kann man didaktisch vereinfachen, in dem man z. B. sagt: *„Der Laptop zeigt die gemessene Spannung an."*

---

1   Eine gute Übersicht zu vielen grundlegenden Begriffen und Themen der Physikdidaktik bieten Kircher et al. (2020) und Labudde (2019).

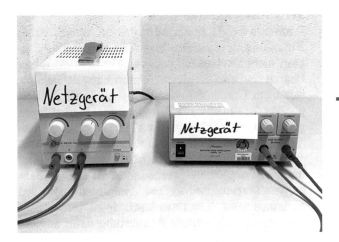

◘ **Abb. 5.2** Die Werte für Spannung und Stromstärke wurden auf den Netzgeräten abgeklebt. Dies bietet auch die Möglichkeit, die Funktion des Gerätes zu beschriften

Ablenkende und unwichtige Aspekte können zudem auch gezielt verdeckt werden. Hierzu gehören z. B. Hilfsgeräte wie bspw. ein Verstärker oder manche Anzeigen auf Geräten. So zeigen z. B. viele Netzgeräte sowohl die Spannung als auch die Stromstärke an, was für Ablenkung sorgen kann, wenn mit Messgeräten in der Schaltung Werte gemessen werden oder die Spannung an einem Bauteil mit einem verstellbaren Widerstand in der Schaltung geregelt wird. In diesen Fällen können Netzgeräte z. B. seitlich gedreht stehen, oder die Anzeigen abgeklebt werden (◘ Abb. 5.2). Erklären Sie außerdem auch nicht, was Sie alles *nicht* gemacht haben und noch hätten machen können – das macht es nur komplexer und lenkt vom Kern ab.

— **Kommentieren Sie Ihre Handlungen**
Es ist nicht nur wichtig, den intendierten Effekt möglichst gut sichtbar zu machen, sondern auch, verständlich zu machen, wie dieser Effekt zustande gekommen ist. Damit die Lernenden der Durchführung folgen können, ist es notwendig, die vorgenommenen experimentellen Handlungen zu erklären. Manchmal sind die nötigen Handgriffe, die die Lehrperson vornimmt, aber nicht gut zu erkennen und auch nicht selbsterklärend. Erläutern sie daher die vorgenommenen Änderungen und machen Sie Ursache-Wirkungs-Beziehungen deutlich, z. B.: *„Ich erhöhe jetzt die Spannung am Netzgerät und hier auf der Anzeige könnt ihr sehen, wie sich auch unser Messwert vergrößert."* Auch wenn der Aufbau verändert wird, ist es hilfreich, dies zu kommentieren, z. B.: *„Ich ersetze jetzt diese Sammellinse durch eine andere Sammellinse mit größerer Brennweite."*

— **Leiten Sie die Aufmerksamkeit**
Lernenden kann es schwerfallen, in einem Aufbau wichtige Aspekte von unwichtigen zu unterscheiden

(s. z. B. Nehring & Busch, 2018). Leiten Sie daher die Aufmerksamkeit auf wesentliche Handlungen und Abläufe. Hierzu kann z. B. ein Beobachtungsauftrag gegeben werden, bspw. *„Achtet nun genau auf […], wenn ich hier […]. Was passiert dann dort am […]?"*.

— **Nutzen Sie verschiedene Darstellungsebenen**
Viele Aufbauten sehen in der Realität deutlich komplizierter aus, als dies in schematischen Zeichnungen der Fall ist. Zudem werden zur Erklärung auf Modellebene zusätzliche Repräsentationen genutzt, die im Aufbau selbst gar nicht sichtbar sind (bspw. werden in der Mechanik Vektorpfeile in die Aufbauskizze eingezeichnet). Es kann daher hilfreich sein, schon während der Durchführung die verschiedenen Repräsentationsebenen zu verbinden, indem zusätzliche Visualisierungen angeboten werden. Dies gibt Lernenden Anhaltspunkte, um der Erklärung auf Modellebene besser folgen zu können. Es bietet sich an, die Darstellungsebenen möglichst ähnlich zueinander zu gestalten, damit der Ebenenwechsel zwischen Realexperiment und bildlicher Darstellung für die Lernenden leichter fällt. Werden Abbildungen zu den Experimenten verwendet (z. B. Schaltplan oder Strahlengang), müssen diese möglichst kohärent sein (v. a. Positionen, links/rechts etc.).

Bei Schaltkreisen können bspw. wichtige Informationen wie z. B. gemessene Größe, Windungszahl, Widerstandswerte oder Gerätebezeichnungen auf Papierkarten am Aufbau dargestellt werden (◘ Abb. 5.3). In ◘ Abb. 5.4 sind z. B. (grob) die Längen der beiden Hebelarme und der Betrag der Gewichtskräfte der angehängten Massestücke samt ihrer Benennung visualisiert, was die Verknüpfung mit der mathematischen Formulierung des Hebelgesetzes erleichtert. Der Aufbau kann z. B. erst

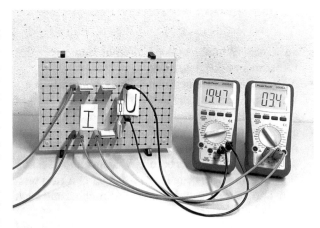

◘ **Abb. 5.3** Schilder mit Zusatzinformationen, wie z. B. den Messgrößen, können bei der Erfassung helfen

◻ Abb. 5.4   Bei dem Aufbau zur Balkenwaage wurden die Längen der beiden Hebelarme sowie der Betrag der Gewichtskräfte kenntlich gemacht

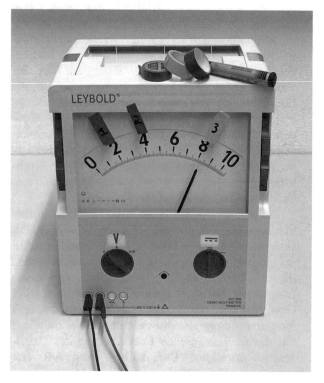

◻ Abb. 5.5   Markierungen von Messwerten auf Geräten helfen beim Nachvollziehen der Änderungen der Messgröße

— **Vermeiden Sie „Leerzeiten"**
Während des Umbaus oder der (automatisierten) Aufnahme einer längere Messreihe wird vom Publikum nicht zwangsläufig etwas gelernt. Viele dieser Phasen sind also oft „leere" Unterrichtszeit. Bei notwendigen Umbauten oder Justagen könnte die Zeit parallel für einfache Erklärungen oder Überleitungen genutzt werden. Umbauzeiten können oft auch vermieden werden, in dem bspw. Schaltungsvarianten auf separaten Steckbrettern bereits vorbereitet sind und nicht umgesteckt werden müssen. Die Aufnahme von längeren Messreihen kann anhand von 2–3 Messungen am Experiment prinzipiell verdeutlicht werden, um die weitere Auswertung dann anhand einer vorbereiteten Messreihe durchzuführen. Eine weitere Möglichkeit, um bei der Auswertung „Leerzeiten" zu vermeiden, ist, Berechnungen nicht im Taschenrechner durchzuführen, sondern die Messwerte in einer vorbereiteten Excel-Tabelle auf dem Computer zu berechnen (◻ Abb. 5.6).

— **Planen Sie Wiederholungen ein**
Viele Fakten, Konzepte und experimentelle Tätigkeiten sind für erfahrene Physiklehrkräfte „Selbstverständlichkeiten". Diese sind aber nicht zwangsläufig auch für alle Lernenden offensichtlich. Auch vermeintlich bekannte „Kleinigkeiten" können gelegentlich in Erklärungen und während Experimenten nebenbei noch einmal wiederholt werden.
Das Oszilloskop bspw. wird in der Regel im Rahmen des Physikunterrichts mindestens einmal ausführlich erläutert und erklärt. Wenn das Oszilloskop dann in späteren Experimenten erneut eingesetzt wird, könnten aber vielleicht nicht mehr alle Lernenden die genauen Funktionen kennen und trauen sich dann möglicherweise auch nicht nachzufragen. Einfache, beiläufige Erklärungen innerhalb der Vorführung, wie z. B. *„Auf dem Schirm sehen wir in y-Richtung jeweils die Spannung."* oder *„Wir messen hier am Bauteil par-*

auf einem Whiteboard und anschließend am realen Experiment erklärt werden.

— **Nutzen Sie Markierungen und Zusatzinformationen**
Werden experimentelle Ergebnisse auf einen Schirm oder Whiteboard projiziert, können dort zusätzlich auch Markierungen mit Whiteboardstiften oder Papier (mit Magneten angeheftet) erfolgen. So kann z. B. der Verlauf von Wellen bei der Wellenwanne oder von Beugungsmustern beim Interferometer markiert werden. Die weitere Auswertung kann anschließend nach Abschalten der Projektion erfolgen.
Werden verschiedene Messwerte aufgenommen und soll z. B. eine Zunahme eines Messwertes gezeigt werden, können die einzelnen Messungen auch auf dem Gerät selber markiert werden (◻ Abb. 5.5).

Messung	T in s	G in m/s^2
1	3,15	9,75
2	3,15	9,75
3	3,03	10,53
Mittelwert	3,11	10,01

◻ Abb. 5.6   Vorbereitete, gut formatierte Tabellen helfen, Rechnungen schnell in den Experimentierprozess einzubinden

allel die abfallende Spannung." helfen den Lernenden, verfestigen ihr Wissen und „kosten" keine zusätzliche Zeit.

- **Machen Sie Gründe und Ziele des Experiments transparent**

  Wie im ▶ Kap. 2 beschrieben, sollten Demonstrationsexperimente stets mit Bezug auf ein didaktisches Ziel geplant und eingesetzt werden. Es kommt dabei darauf an, dass auch die Lernenden diesen Grund des Experimentierens kennen und verstehen. Hinterfragen Sie daher bei der Vorbereitung auf die Vorführung das Ziel Ihres Experiments und klären Sie, warum das Experiment, die Handlung, das Ergebnis und die Interpretation wichtig sind für die Lernenden und den Unterrichtsprozess. Vermitteln Sie diese Gründe im Rahmen der Vorführung den Lernenden.

Literatur

Kircher, E., Girwidz, R., & Fischer, H. E. (Hrsg.). (2020). *Physikdidaktik − Grundlagen* (4. Aufl.). Springer. ▶ https://doi.org/10.1007/978-3-662-59490-2.

Labudde, P. (Hrsg.). (2019). *Fachdidaktik Naturwissenschaft: 1.- 9. Schuljahr*. Haupt Verlag. ▶ https://doi.org/10.36198/9783838552071.

Nehring, A., & Busch, S. (2018). Chemistry demonstrations and visual attention: Does the setup matter? Evidence from a doubleblinded eye-tracking study. *Journal of Chemical Education, 95*(10), 1724−1735. ▶ https://doi.org/10.1021/acs.jchemed.8b00133.

Varianten der Auswertung

Inhaltsverzeichnis

© Der/die Autor(en), exklusiv lizenziert an Springer-Verlag GmbH,
DE, ein Teil von Springer Nature 2024
A. Pusch et al., *Demonstrationsexperimente gestalten*,
https://doi.org/10.1007/978-3-662-68520-4_6

In den vorangegangenen Kapiteln wurden bereits verschiedene Gestaltungsaspekte in Bezug auf das Experimentieren diskutiert. Auch die geplante Auswertung ist dabei ebenfalls einflussgebend auf die Gestaltung des Aufbaus. Anhand eines einfachen Aufbaus zum Drehrad werden wir im Folgenden exemplarisch die Vor- und Nachteile verschiedener Varianten diskutieren.

6.1 „Händische" Auswertung

Diese Variante benötigt an zusätzlichem Material lediglich eine Stoppuhr. Für bessere Sichtbarkeit wurden in ◘ Abb. 6.1 zudem große Markierungen aus Pappe am Aufbau angebracht. Durch einfaches Abzählen in Kombination mit der Zeitmessung können für verschiedene Drehgeschwindigkeiten jeweils Periodendauer und Frequenz der Rotation bestimmt werden.

- **Vorteile:** Der einfache Aufbau beinhaltet im Vergleich zu den später diskutierten Varianten keine Elemente, die für Lernende ablenkend oder verwirrend wirken könnten. Die „händische" Auswertung durch Abzählen und Zeitmessen ermöglicht es, sich zunächst auf grundlegende Zusammenhänge zu beschränken und diese anschaulich zu demonstrieren. Zudem kann

die gesamte Lerngruppe in das Experiment einbezogen werden, indem sie bspw. die Drehungen mitzählen oder einen Takt vorgeben. Zu guter Letzt eignet sich diese Variante auch besonders zur Fokussierung auf *fachmethodische* Aspekte, indem die Messung gemeinsam optimiert wird. Den Lernenden kann bei dieser Variante bspw. schnell ersichtlich werden, dass die Zeitmessung für eine einzelne Umdrehung deutlich schwieriger und ungenauer ist, als über mehrere Umdrehungen zu messen und anschließend zu mitteln. Da das Experiment schnell und einfach wiederholt werden kann, können verschiedene Varianten der Messung ausprobiert werden.

- **Nachteile:** Lernende könnten „händischen" Methoden eine geringere Genauigkeit im Vergleich zu digitalen Messmethoden zuschreiben. Da dies bei schnellen Bewegungsabfolgen aufgrund von Faktoren wie der menschlichen Reaktionszeit auch durchaus zutreffen kann, eignet sich diese Variante vor allem für das Aufzeigen qualitativer Zusammenhänge oder zur Diskussion von Fachmethoden. Für quantitative Auswertungen würde hier viel Zeit benötigt, da von Hand Wertetabellen erstellt und die Daten anschließend ggf. noch visualisiert werden müssen.

6.2 Oszilloskop

Mithilfe eines Oszilloskops können Verläufe mit hoher zeitlicher Auflösung dargestellt werden. Befestigt man an dem Drehrad einen Magneten und lässt diesen bei der Rotation an einer Spule mit Eisenkern passieren, kann auf dem Oszilloskop der Durchgang am Magneten dargestellt und die Periodendauer abgelesen werden (◘ Abb. 6.2).

Der Einbezug des Oszilloskops bedeutet für den einfachen Drehrad-Aufbau eine enorme Komplexitätssteigerung und erfordert deutlich mehr Vorkenntnisse der Lernenden. Somit verschiebt sich der Fokus des Experiments: Statt den Zusammenhang zwischen Frequenz, Periodendauer und Drehgeschwindigkeit als Lernziel zu thematisieren, könnte hier beispielsweise das Phänomen der Induktion zum Thema gemacht werden. Das Drehrad würde in diesem Fall lediglich als ein einfaches Anwendungsbeispiel dienen, um bspw. die Funktionsweise eines Fahrradtachos zu untersuchen. Fachmethodisch könnte auch das Einüben der Arbeit mit dem Oszilloskop (Einstellen von Messbereichen, Ablesen vom Bildschirm) an diesem Aufbau ein Lernziel sein.

- **Vorteile:** Ein Oszilloskop kann in vielen Experimenten vergleichsweise einfach eingesetzt werden, um zeitlich relevante Vorgänge wie v. a. Schwingungen darzustellen. Hierzu kann bspw. die Spannung eines Schwingkreises, die Bewegung eines Federpendels und Drehrads, die Rotation einer Leiterschlei-

◘ **Abb. 6.1**   Der Drehrad-Aufbau mit zusätzlichen Markierungen

Abb. 6.2 An dem Drehrad wird ein Magnet angebracht. In der Spule mit Eisenkern wird bei jedem Durchlauf des Magneten eine Spannung induziert, die das Oszilloskop anzeigt

fe oder auch das Signal eines Mikrofons ausgewertet werden.[1] Die beiden relevanten Größen Periodendauer und Amplitude sind jeweils direkt ablesbar. Wird ein Oszilloskop häufiger in Experimenten eingesetzt, können die nachfolgend genannten Nachteile weniger stark wiegen.

- **Nachteile:** Das Oszilloskop ist aus Sicht der Lernenden (und oft auch Lehrenden) ein komplexes Gerät mit dem Charakter einer Blackbox. Es wird kaum im Schülerexperiment eingesetzt, es hat viele unbekannte Knöpfe und die Einstellung der passenden Messbereiche braucht trotz automatischer Skalierung meist viel Zeit. Da es aber in der Forschung von Bedeutung ist und in Experimenten in der Oberstufe durchaus häufiger zum Einsatz kommen kann, ist es sinnvoll, Lernende bei passender Gelegenheit mit dem Gerät bekannt zu machen.

6.3 Phyphox

Dank der vielen eingebauten Sensoren ist das Smartphone ein ideales Messinstrument für physikalische Experimente. Mit der kostenlosen App *phyphox* können die Messwerte der Smartphonesensoren digital ausgelesen, dargestellt und auch auf den Computer exportiert werden (s. z. B. Staacks, 2018; Stampfer et al., 2020). Im Rahmen von Schülerexperimenten kann phyphox verwendet werden, wenn sichergestellt ist, dass das teure Smartphone beim Experimentieren keinen Schaden nehmen wird.

Beim Drehrad-Experiment kann das Smartphone das Oszilloskop ersetzen, indem der eingebaute Magnet-

feldsensor verwendet wird, um das Vorbeilaufen des Magneten zu registrieren. Technisch gesehen bietet dieser Aufbau daher ähnliche Einsatzmöglichkeiten und Themenschwerpunkte wie der Aufbau mit dem Oszilloskop. Die Komplexität des Aufbaus ist jedoch aus Lernendensicht deutlich geringer, da keine zusätzlichen Kabel und unbekannten Geräte verwendet werden. Ein weiterer methodischer Vorteil gegenüber dem Oszilloskop ist die Möglichkeit, auf einfache Weise die Messwerte digital zu exportieren und den Lernenden für die weitere Auswertung zur Verfügung zu stellen.

- **Vorteile:** Die Sensoren von Smartphones sind allgemein sehr genau. Dank der Vielzahl an eingebauten Sensoren werden keine teuren Spezialgeräte zur Messung benötigt. Die Ergebnisse können z. B. für alle gut sichtbar auf dem Beamer dargestellt und in Tabellenform exportiert werden. Bei vielen Experimenten kann das Smartphone einfach positioniert werden und die Messwerte aufnehmen (Abb. 6.3).
- **Nachteile:** Ein Smartphone ist ein recht teures und empfindliches Gerät, sodass umfangreiche Schutzmaßnahmen wie z. B. in Form von Polsterungen und Hüllen getroffen werden sollten. Trotz der Tatsache, dass das Smartphone ein täglicher „Begleiter" ist, bleibt es dennoch eine Blackbox, was die genaue Funktionsweise der Sensoren angeht. Die exakte Lage der Sensoren im Smartphone ist außerdem nicht bekannt, sodass es hier je nach Experiment kleine Abweichungen geben kann, wenn die Lage der Achsen nicht genau ausgerichtet wird.

Abb. 6.3 An dem Drehrad ist ein Magnet angebracht, dessen Durchlauf mit dem Magnetfeldsensor des Smartphones in phyphox angezeigt wird

1 Hinweis: Ggf. muss das Signal verstärkt werden.

6.4 Videoanalyse

Durch Videoanalyse können viele Experimente zur Kinematik und Dynamik ausgewertet werden, ohne auf komplizierte Messinstrumente wie z. B. Lichtschranken zurückgreifen zu müssen. Hierbei wird das aufgenommene Video schrittweise ausgewertet, indem in jedem einzelnen Bildsegment des Videos die Bewegung des Objekts nachverfolgt (= getrackt) wird.

Dank Smartphones können unkompliziert Videos von Experimenten produziert werden (◘ Abb. 6.4). Die kostenlose Software *Tracker* bietet vielfältige Auswertungsmöglichkeiten (◘ Abb. 6.5; u. a. für PC oder MAC unter ► http://physlets.org/tracker/). Weitere Alternativen für Softwareanwendungen zur Videoanalyse sind z. B. *Viana* (iOS), *Measure Dynamics* (Windows) oder *VidAnalyses* (Android).

Die Methode der Videoanalyse ist insbesondere im Bereich der Mechanik sehr vielseitig einsetzbar (z. B. Pusch, 2021), aber vergleichsweise auch mit einigem Aufwand in der Auswertung verbunden. Insgesamt verschiebt sich der Fokus dadurch weg von der Arbeit am eigentlichen Experiment hin zur Arbeit mit dem Videomaterial bei der Auswertung. In Bezug auf das Drehrad-Experiment liegt daher der Schwerpunkt in diesem Fall zunächst im Bereich Fachmethodik. Allerdings lassen sich mit dieser Methode auch fachinhaltliche Aspekte vertiefen, die in den zuvor diskutierten Abschnitten noch nicht zutage traten. So kann anhand der Datenauswertung anschaulich der Zusammenhang zwischen Drehbewegung und der Modellierung mit Winkelfunktionen visualisiert werden (◘ Abb. 6.5, rechts). Auch andere abstrakte Größen wie z. B. die Winkelgeschwindigkeit des Rads werden mithilfe der Auswertungstools innerhalb der Software zugänglich und können dargestellt werden.

— **Vorteile:** Das Prinzip dieser einfachen Analysemethode ist für die Lernenden oft gut nachzuvollziehen und der zugrunde liegende mathematische Zusammenhang zwischen Ort, Geschwindigkeit und Beschleunigung in Form der zeitlichen Ableitungen der Ort-Zeit-Kurve wird ersichtlich. Das Programm übernimmt sämtliche Berechnungen zeitsparend, wodurch die Ergebnisse unmittelbar vorliegen. Die Videoanalyse bietet die Möglichkeit, die Genauigkeit und Vertrauenswürdigkeit der Messmethode zu diskutieren und zu analysieren. Die Auswertungsmethodik eignet sich auch für Schülerexperimente und ist zudem besonders geeignet, Alltagsphänomene aus der Lebenswelt der Lernenden zu analysieren, z. B. Im Kontext „Physik und Sport" (Beispiele für Experimente finden sich z. B. in Pusch, 2021).

— **Nachteile:** Soll die Videoanalyse „live" in das Experiment eingebaut werden, benötigt dies viel Zeit für das Aufnehmen und Auswerten des Videos, selbst wenn Funktionen wie das automatische Tracking verwendet werden können. Soll hier nicht der Schwerpunkt

◘ **Abb. 6.4**   Videos von Experimenten sind mit Smartphones schnell und ausreichend gut erstellbar

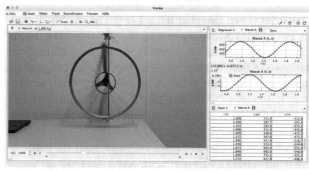

◘ **Abb. 6.5**   Die eigentliche Auswertung findet anschließend in der Software (hier Tracker) statt

des Experiments liegen, bietet es sich an, im Vorfeld vorbereitete Videos, die bereits getrackt wurden, zu verwenden.

Bei der Auswertung kann es zu ungenauen Ergebnissen kommen, wenn bspw. die Bewegung nicht in der Bildebene liegt, durch die Kamera Verzerrungen auftreten oder die Bewegung zu schnell für die Aufnahmefrequenz ist.

6.5 Computergestützte Messwerterfassung

Zur elektronischen Messwertaufnahme und Auswertung gibt es verschiedene, kommerziell vertriebene Systeme. Verbreitete Systeme sind z. B. CASSY Lab von Leybold oder Cobra von PHYWE. Auch die Hersteller Vernier und Pasco bieten entsprechende Systeme an. In der Regel stehen für verschiedene Einsatzzwecke entsprechende Sensoren zur Verfügung, die entweder über USB oder Bluetooth ausgelesen werden können.

In ◧ Abb. 6.6 ist die Umsetzung des Drehrad-Experiments mit Lichtschranke und CASSY Lab gezeigt. Die Messergebnisse (hier die Periodendauer) können als Zahlenwert oder Diagramm direkt dargestellt werden. Auch die Berechnung abgeleiteter Größen (z. B. Frequenz) kann automatisiert erfolgen. Dadurch liegt der Fokus des Experiments in dieser Variante vor allem auf den Messergebnissen und weniger auf den qualitativen Zusammenhängen der verschiedenen Parameter oder fachmethodischen Aspekten.

- **Vorteile:** Computergestützte Messwerterfassungssysteme ermöglichen eine sehr einfache Messung verschiedener physikalischer Größen in Experimenten. Es existieren viele Vorlagen und Anleitungen, wie in verschiedenen Standardexperimenten die relevanten Größen bestimmt werden können. Die Messungen selbst sind in der Regel sehr präzise, liegen direkt vor

und die Ergebnisse können später in digitaler Form weiter genutzt werden.
- **Nachteile:** Die Einfachheit und Qualität steht aber häufig hohen Anschaffungskosten der Systeme und einer in der Funktionsweise für Lernende nicht durchschaubaren Blackbox gegenüber.

6.6 Simulationen

Viele Experimente können durch die geschickte Kombination mit Simulationen sinnvoll ergänzt oder weitergeführt werden. Statt einer ausführlichen Darstellung konkreter Tools und ihrer Einsatzmöglichkeiten soll es hier vielmehr darum gehen, welche Verschiebungen in der inhaltlichen Schwerpunktsetzung sich aus der Wahl der Messinstrumente und Darstellungsformen ergeben können.[2]

Die unzähligen Kombinationsmöglichkeiten von einem realen Experiment und einer Simulation können nicht pauschal bewertet werden, jedoch ist es oftmals ein guter Ansatz, Realexperiment und Simulation so zu kombinieren, dass beide ihre jeweiligen Stärken ausspielen können, um jeweils das zu zeigen, was das andere nicht darstellen kann (Laumann, 2017). Dabei liegen grundsätzliche Stärken des Experiments oftmals im Bereich der Authentizität und der Datengenerierung. Simulationen wiederum können bspw. das dem Experiment zugrundeliegende Modell darstellen und zusätzliche Visualisierungen bieten. Zudem bieten Simulationen oft auch weitere Einstellungsmöglichkeiten von Randbedingungen und Parametern, die im realen Experiment nicht ohne Weiteres herzustellen sind.

In ◧ Abb. 6.7 ist eine zum Drehrad-Experiment passende Simulation dargestellt, die mit der kostenlosen Software *GeoGebra* erstellt wurde.[3] Hier liegt der Fokus stark auf den mathematischen Zusammenhängen des Experiments. Lernende können selbst die Parameter verändern und die Auswirkungen überprüfen, was die Vor-

◧ **Abb. 6.6** Der Drehrad-Aufbau wurde durch eine Gabellichtschranke erweitert, die die Rotation des Drehrads registriert

2 Es gibt im Netz eine große Menge an frei verfügbaren Simulationen für den Unterricht, deren Qualität jedoch sehr unterschiedlich ist. Umfangreiche Sammlungen von Simulationen finden sich bspw. auf dem Lernportal *LEIFIphysik* (leifiphysik.de), auf der Projektseite *PhET* der Universität Colorado (phet.colorado.edu/de) oder auf den Materialseiten der Geometrie-Software *GeoGebra* (▶ https://www.geogebra.org/materials)

Anregungen für den Einsatz von Simulationen im Unterricht und in Verbindung mit Experimenten finden sich bspw. auf der Website des Projekts *MINT digital* (mint-digital.de) sowie in den zugehörigen Veröffentlichungen (Meßinger-Koppelt & Maxton-Küchenmeister, 2021). Eine sehr empfehlenswerte Vorstellung von Möglichkeiten und Konzepten zum Einsatz digitaler Medien (u. a. zum Messen und Simulieren) bietet (Wilhelm, 2023). Umfangreiche Anregungen zum Einsatz des Smartphones im Physikunterricht gibt es bspw. in (Wilhelm & Kuhn, 2022).

3 Mit der Geometrie-Software *GeoGebra* lassen sich auf einfache Weise eigene Materialien für Lerneinheiten erstellen, die dann mit anderen geteilt werden können, siehe vorherige Fußnote.

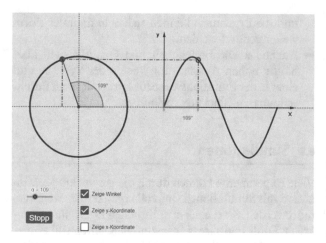

■ **Abb. 6.7**   GeoGebra-Simulation zur Kreisbewegung

führung des realen Demonstrationsexperiments ergänzen kann. So könnte bspw. das Realexperiment eher qualitativ ohne komplizierte Messgeräte eingesetzt werden, während die quantitativen Aspekte dann anhand der Simulation vertieft werden.

Aber nicht immer liegen die Stärken einer Simulation auf der quantitativen Seite. Das folgende Beispiel der Wellenwanne zeigt, wie eine Simulation helfen kann, im Experiment schwer darstell- bzw. wahrnehmbare Phänomene qualitativ sichtbar zu machen (■ Abb. 6.8). Bei der Variation und Testung verschiedener Parameter bietet die Simulation hier auch weitere Vorteile, denn im Realexperiment benötigt der Umbau und die Feinjustage teilweise viel Zeit und ist mit dem Stroboskoplicht bei bestimmten Frequenzen auf Dauer sehr anstrengend zu beobachten.

Mit der Simulation *Ripple Tank* können viele verschiedene Kombinationen von Frequenz und Hindernis-

sen auf einfache Art simuliert werden (► https://www.falstad.com/ripple/). Eine sinnvolle Kombination beider wäre z. B., zunächst an der realen Wellenwanne die Phänomene und den Alltagstransfer zu zeigen und anschließend mit der Simulation verschiedene Fälle zu simulieren und zu diskutieren. Die Simulation kann dann z. B. auch im Schülerexperiment verwendet werden. Im konkreten Fall kann die simulierte Darstellung Lernenden zeigen, auf welche Muster sie im realen Experiment achten müssen, um das Phänomen zu erkennen. In diesem Kontext vermittelt die reale Wellenwanne die Authentizität der Phänomene.

Fazit

Es wurde in diesen und den vorangegangenen Beispielen deutlich, dass die Gestaltung und Durchführung des Experiments auch von der inhaltlichen Zielsetzung und den intendierten Lernzielen abhängig ist. Dies gilt insbesondere auch für die Frage, wie die Daten und Erkenntnisse aus dem Experiment weiter genutzt werden sollen. Die Überlegung, welche Messinstrumente, Auswertungsmethoden und zusätzliche Medien im Kontext eines Experiments zum Einsatz kommen, wird dementsprechend von der Planung vorheriger Unterrichtsstunden mit beeinflusst und bestimmt umgekehrt auch den Verlauf der weiteren Lerneinheit. Die intendierte Auswertung und die Gestaltung des Aufbaus greifen ineinander und bedingen sich gegenseitig.

In vielen Fällen bieten sich auch digitale Werkzeuge an, die eine weitere Vertiefung auf Modellebene ermöglichen können. Insbesondere zum Einsatz digitaler Tools existiert bereits ein großer Fundus an fachdidaktischer Literatur, in der einzelne Anwendungsmöglichkeiten weitaus detaillierter beschrieben werden, als dies im Rahmen dieses Buches sinnvoll möglich wäre.

Literatur

Laumann, D. (2017). *2017*. PhyDiD B − Didaktik der Physik − Beiträge zur DPG Frühjahrstagung: Integrativer Einsatz realer und interaktiver digitaler Repräsentationen in der Physik.

Meßinger-Koppelt, J., & Maxton-Küchenmeister, J. (Hrsg.). (2021). *Naturwissenschaften digital* (Bd. 1–2). Joachim Herz Stiftung.

Pusch, A. (2021). Videoanalyse von Kinematik-Experimenten. Hinweise zur Aufnahme von Videos sowie Vorschläge für Experimente aus dem Physikunterricht, Sport und Alltag. *Naturwissenschaften im Unterricht Physik, 181*, 14–16.

■ **Abb. 6.8**   Das mit der Simulation Ripple Tank erzeugte Wellenbild wurde zunächst passend zum realen Aufbau eingestellt

Staacks, S. (2018). Smartphone-Experimente mit der App PhyPhox. *Plus Lucis, 3*, 40–42.

Stampfer, C., Heinke, H., & Staacks, S. (2020). A lab in the pocket. *Nature Reviews Materials, 5*(3), 169–170. ▶ https://doi.org/10.1038/s41578-020-0184-2.

Wilhelm, T. (Hrsg.). (2023). *Digital Physik unterrichten: Grundlagen, Impulse und Perspektiven*. Klett Kallmeyer.

Wilhelm, T., & Kuhn, J. (2022). *Für alles eine App: Ideen für Physik mit dem Smartphone*. Springer. ▶ https://doi.org/10.1007/978-3-662-63901-6.

Sicherheit bei Aufbau und Durchführung

Inhaltsverzeichnis

Nur sehr wenige Experimente der Schulphysik sind wirklich gefährlich. Aber auch vermeintlich einfache Experimente können bei einer Verkettung unglücklicher Umstände gefährlich werden, wenn grundlegende Aspekte nicht berücksichtigt werden. Ein Auge kann man sich auch an einem einfachen Stativaufbau zum Fadenpendel ausstoßen und über ein Kabel stolpern und sich den Kopf aufschlagen kann man auch am einfachsten Experiment der Elektrizitätslehre. Dazu kommen Schäden an den Geräten, welche das begrenzte Budget der Sammlung unnötig belasten und letztendlich Zeit und Nerven beim Austausch kosten.

Bei voller Konzentration, wie z. B. im geschützten Rahmen der Vorbereitung in der Sammlung, verhält man sich in der Regel umsichtig. Man weiß z. B., ob an einem Kabel eine Spannung anliegt oder nicht und schafft es auch, ein paar Mal über die ungünstig verlegten Kabel zu steigen, ohne über sie zu stolpern. Kommt allerdings Stress, bspw. durch Zeitdruck, Zwischenfragen der Lernenden oder Unterrichtsbesuche hinzu, können Flüchtigkeitsfehler und unüberlegte hektische Handlungen passieren. Schnell bleibt man doch am Aufbau hängen und reißt ihn um, oder es ist doch aus Versehen eine zu hohe Spannung eingestellt und ein Kabel beginnt zu schmoren. Dies wiederum verleitet zu weiteren unüberlegten und hektischen Handlungen, die die Situation unter Umständen noch verschlimmern können.

Die Kenntnis und die Umsetzung der in diesem Kapitel beschriebenen grundlegenden Sicherheitshinweise verschafft wichtige „Sicherheitspuffer", falls doch einmal etwas schiefgehen sollte. Noch wichtiger ist jedoch, durch die konsequente Umsetzung von Sicherheitsmaßnahmen einen angemessenen Umgang mit Gefahrenquellen einzuüben, um Unfälle schon vorab durch besonnenes Handeln vermeiden und im Ernstfall richtig reagieren zu können. Dies gilt übrigens insbesondere auch für Experimente, die man vielleicht schon viele Male unfallfrei durchgeführt hat. Gerade dort kann sich durch ein Übermaß an Routine auch Leichtsinn entwickeln.

Die in diesem Kapitel genannten Hinweise erheben keinesfalls Anspruch auf Vollständigkeit. Sie sind vielmehr von uns exemplarisch ausgewählte Verhaltens- und Sicherheitshinweise anhand derer wir sicherheitsbewusstes Handeln rund ums Experimentieren aufzeigen und erläutern möchten.

7.1 Präventives Handeln

Zu den wichtigsten Maßnahmen bei der Vorbereitung von Physikunterricht gehört zunächst das Erstellen einer *Gefährdungsbeurteilung* zu der jeweiligen Stunde und den dabei vorhandenen Experimenten. Hierbei wird – vereinfacht gesagt – für das geplante Experiment (egal ob Demonstrationsexperiment oder Schülerexperiment) überlegt, welche Aspekte des Experiments und der verwendeten Materialien für die Lehrkraft und das Publikum gefährlich sein könnten.

Hierzu müssen die jeweiligen gültigen Vorgaben, wie z. B. die jeweils aktuelle Fassung der „Richtlinien zur Sicherheit im Unterricht" der Kultusministerkonferenz, umgesetzt werden (Kultusministerkonferenz, 2019).

Aus der Summe dieser jeweils für die einzelnen Stunden bzw. Experimente erstellten Gefährdungsbeurteilungen lassen sich auch allgemeine Regeln und Maßnahmen ableiten, die für viele Experimente der Unterrichtsreihe oder gar des Schuljahres gelten.

Nachfolgend sind typische Maßnahmen gelistet, mit denen das Thema Sicherheit in der Schule (aber auch in Labors und Praktika an Universitäten) umgesetzt werden kann:

- **Einweisungen:** Im Rahmen von Einweisungen für Geräte und Experimente sollte stets auf mögliche Gefahren, wichtige Verhaltensregeln sowie Verbote hingewiesen werden. Hierzu können dann z. B. Maximalwerte für Spannungen bzw. Stromstärken zählen, die genannt und ggf. auch ausführlicher erläutert werden. Eine Einweisung kann mündlich oder schriftlich (bspw. auf dem Aufgabenblatt) erfolgen.

- **Fachraumordnung:** Hier sollten die wichtigsten Regeln für das Arbeiten und Experimentieren im Fachraum (oder im Labor) aufgeführt werden. Ein Beispiel für mögliche Fachraumregeln findet sich im Informations-Kasten.

- **Betriebsanweisungen:** In den jeweiligen Betriebsanweisungen zu z. B. Laser, Lötkolben oder 3D-Drucker (erkennbar in der Regel am blauen Rahmen, z. B. ◘ Abb. 7.1) stehen u. a. Hinweise über die Gefahren sowie zur Verwendung der Geräte. Die Betriebsanweisungen sollten in der Nähe der Geräte gut sichtbar aufgehangen werden und liefern so schnell und kompakt die wichtigsten Informationen vor und während der Verwendung. Im Internet existieren viele verschiedene Vorlagen, die an die eigenen Anforderungen angepasst werden können.

- **Sicherheit als Metathema:** Das Thematisieren von Sicherheit, das Vorbild sein und das Vermitteln eines Sicherheitsbewusstseins sollte sich durch den gesamten naturwissenschaftlichen Unterricht ziehen. In Vorführungen und Erklärungen können oft an geeigneten Stellen entsprechende Kommentierungen eingebaut werden. Bspw.: *„Bevor ich jetzt die Glühlampe hier in der Schaltung austausche, muss ich natürlich zunächst die Spannung abschalten."*

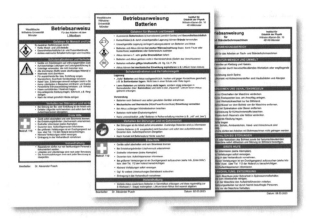

Abb. 7.1 Betriebsanweisungen z. B. zu Lasern oder Lötkolben beschreiben Gefahren und Verhaltensweisen beim Umgang mit den Geräten

Fachraumordnung

Nachfolgend sind Beispiele für mögliche Experimentierregeln im Fachraum aufgeführt. Wenn allgemeine Fachraum- oder Experimentierregeln aufgestellt werden, sollten diese mit den Lernenden besprochen und begründet werden. Es bietet sich je nach Lerngruppe auch an, diese Regeln gemeinsam zu erarbeiten und zu formulieren.

(1) Die Sammlung und die Experimentierräume werden nur mit der Lehrkraft oder auf deren Anweisung betreten.

(2) Es wird erst experimentiert, wenn alle Fragen geklärt sind und die Lehrkraft das OK gibt.

(3) Unbekannte Geräte und Materialien sind nicht ohne Einweisung zu verwenden.

(4) Geräte und Materialien sind vor Benutzung auf Beschädigungen überprüfen (v. a. Kabel und Stecker).

(5) Beschädigtes oder defektes Material muss direkt gemeldet werden und darf nicht verwendet werden.

(6) Bevor Geräte eingeschaltet werden, werden diese zunächst „runtergeregelt".

(7) Bevor Umbauten gemacht werden, werden die Geräte „runtergeregelt" und ausgeschaltet.

(8) Beim Auf- und Abbau wird vorsichtig mit dem Material und den Geräten umgegangen.

(9) Es wird nicht auf Tische oder Stühle gestiegen.

(10) Schränke und Vitrinen werden nicht offen gelassen, sondern direkt geschlossen.

(11) Jacken und Taschen werden separat gelagert, sodass keine Wege verstellt und Stolperfallen erzeugt werden.

(12) Lange Haare werden zusammengebunden und es wird geeignete Kleidung getragen (z. B. keine langen Schals), Schmuck (z. B. Uhren, Ketten, Ringe) wird bei bestimmten Experimenten abgelegt .

(13) Je nach Experiment wird persönliche Schutzausrüstung (z. B. Schutzbrille, Gehörschutz) getragen.

(14) Nach dem Experimentieren und Abbau werden die Hände gewaschen.

(15) Aufbauten und Experimente werden stets so durchgeführt, dass eine Eigengefährdung sowie Fremdgefährdung ausgeschlossen ist.

(16) Andere Personen werden auf mögliche Gefahren und Schutzmaßnahmen aufmerksam gemacht.

(17) Kabel werden nicht im Wegebereich verlegt.

(18) Verletzungen müssen sofort gemeldet und dokumentiert werden (z. B. Verbandbuch bzw. Meldezettel).

(19) Essen und Trinken ist im Experimentierbereich verboten.

(20) Mögliche Schwangerschaften sind zu melden, damit ggf. besondere Sicherheitsregeln aufgestellt werden können!

7.2 Was tun falls etwas passiert?

Vor dem Experimentieren sollten natürlich bereits Maßnahmen getroffen werden für den Fall, dass tatsächlich etwas passiert. Neben der eigenen Sachkunde (Ersthelfer-Kurs) gehört dazu auch z. B. das Kennen und Bereitstellen von Erste-Hilfe-Kästen, Augenduschen, Telefon, Feuerlöscher, Löschdecke und Löschsand dazu (vgl. Abb. 7.2).

Für den Fall der Fälle gilt:

– **Ruhe bewahren:** Nehmen Sie sich einen Moment Zeit zum Überlegen der nächsten Schritte. *Was ist zu tun? Was hat Priorität?*

Abb. 7.2 Vor dem Experimentieren sollten Ort und Funktion wichtiger Sicherheitselemente bekannt sein

- **Personenschutz vor Sachschutz:** Schützen Sie andere Personen und sich selbst. Sachschutz ist zunächst zweitrangig!
- **Sofortmaßnahmen umsetzen:** Bestimmte Maßnahmen sollten unverzüglich umgesetzt werden, bspw. das Schließen des Gashahnes, das Betätigen des Not-Aus oder das Stoppen einer Blutung.
- **Hilfe rufen:** Falls nötig setzen Sie einen Notruf ab (Telefonnummer: 112). Hierbei ist der Standort genau zu beschreiben (Straße, Zufahrt, Raum). Überlegen Sie vorab, ob Sie die Straße und den Raum sowie ggf. auch die Zufahrtswege auswendig kennen. Falls nicht: Schreiben Sie Zufahrtsadresse und Raumnummer auf einen Zettel und kleben diesen an das Telefon, dann sind diese Informationen im Falle des Falles direkt parat.
  Bei Unfällen mit Elektrizität („einen gewischt bekommen") sollte stets ein Arzt konsultiert werden, da Beeinträchtigungen für das Herz nicht ausgeschlossen werden können.
- **Erste-Hilfe-Maßnahmen leisten:** Hierzu gehört z. B. ein Pflaster bzw. einen Verband anlegen oder eine kühlende Auflage anlegen.
- **Unfälle dokumentieren:** Die Dokumentation von Unfällen ist u. a. für spätere Versicherungsansprüche wichtig. Hierzu können Eintragungen in ein Verbandbuch oder auf einer Meldekarte erfolgen. Auch vermeintlich kleinere Verletzungen wie bspw. Schnitte sollten erfasst werden.

7.3 Experimente sicher(er) machen

Mit Hilfe des so genannten **STOP-Prinzips** können Experimente systematisch „durchdacht " und„ entschärft" werden. Hierbei geht man in der Reihenfolge S, T, O und zuletzt P vor.

(1) **S**ubstitution: Überlegen Sie, ob Alternativen für die Gefahrenquellen des Experiments möglich sind. Kann z. B. mit geringerer Spannung, einer geringeren Laserklasse, oder weniger Masse experimentiert werden?
(2) **T**echnische Maßnahmen: Bedenken Sie, ob Schutzeinrichtungen sinnvoll eingebaut werden können. Würde das Experiment z. B. durch Abschirmungen, Verschraubungen oder zusätzliche Halterungen sicherer werden?
(3) **O**rganisatorische Maßnahmen: Prüfen Sie, ob organisatorische Maßnahmen wie, z. B. spezielle Einweisungen oder das Ausweisen bestimmter Sicherheits- bzw. Verbotszonen sinnvoll sind.
(4) **P**ersönliche Schutzausrüstung. Prüfen Sie, ob z. B. eine Schutzbrille oder Gehörschutz getragen werden sollte.

Beispiel

Mit einem Laser soll die Beugung am Spalt dargestellt werden. Dies könnte man Freihand zeigen, indem man mit dem Laserpointer in der einen Hand einfach auf das Gitter in der anderen Hand leuchtet (◘ Abb. 7.3). Mit der Prämisse, ein möglichst sicheres Experiment durchzuführen, ist dies aber nicht sinnvoll. Es ist nämlich nicht sichergestellt, dass der Laserstrahl *nicht* in das Auge des Publikums treffen kann. Wir diskutieren nachfolgend das STOP-Prinzip an diesem Beispiel, um Ideen für eine sicherheitsgerechte Auslegung des Experiments zu erhalten:

(1) Die erste Überlegung anhand des STOP-Prinzips ist die **Substitution,** also der Austausch möglicher Gefahrenquellen. Der Laser kann nicht so einfach gegen eine andere Lichtquelle getauscht werden, da kohärentes, monochromatisches Licht benötigt wird. Bei der Auswahl der Laserklasse kann aber eine möglichst geringe und dadurch weniger gefährliche Laserklasse gewählt werden. In unserem Fall besitzt der Laserpointer die Laserklasse II.
(2) Im Bereich **technischer Maßnahmen** sind zum einen die Fixierung des Lasers und des Gitters und zum anderen das Hinzufügen von Abschirmungen an geeigneten Stellen zu nennen. Es werden Abschirmungen hinter dem Gitter platziert um die Haupt- und Nebenmaxima darzustellen und um weitere Nebenmaxima abzuschirmen (◘ Abb. 7.4). Hinter dem Laserpointer steht ein weiterer Schirm, da hier die Reflexionen vom Gitter abgeschirmt werden müssen (◘ Abb. 7.5).
(3) An **organisatorischen Maßnahmen** sind Hinweise bzw. Warnungen sinnvoll. Diese bestehen zum

◘ **Abb. 7.3**   Um die Beugung am Gitter zu zeigen, benötigt man eigentlich nur einen Laserpointer und ein Gitter

Abb. 7.4 Hinter dem Gitter treten Haupt- und Nebenmaxima auf, die in ihrer Intensität mit zunehmenden Abstand zur Mitte abnehmen

Abb. 7.5 Ein hinsichtlich der Sicherheit optimierter Aufbau zur Beugung am Gitter

einen aus einem Laserwarnschild am Experiment und ggf. auch außen an der Tür sowie der Einweisungen des Publikums zum Verhalten (nicht in den Strahl blicken, nur indirekt durch diffuse Streuung am Schirm bzw. mit einem Blatt Papier beobachten). Auch die Positionierung des Publikums sowie die Positionierung des Lasers in Bezug auf Türen und Fenstern ist zu beachten.

(4) An **persönlicher Schutzausrüstung** käme bei der Verwendung eines Lasers eine Laserschutzbrille in Betracht. In diesem konkreten Experiment ist dies aber nicht sinnvoll. Bei der zur verwendeten Wellenlänge passenden Laserschutzbrille ließe sich das Interferenzmuster nicht mehr beobachten.

7.4 Sammlungs- und Gefahrenkunde

Nachfolgend sind einige mögliche Gefahren von Experimentiermaterialien sowie wichtige Verhaltensregeln und Maßnahmen aufgeführt und nach Metathemen sortiert. Die Liste ist nicht umfassend und abschließend. Sie orientiert sich an den Vorgaben für das Experimentieren in der Schule (Kultusministerkonferenz, 2019; DGUV, 2012).

Die Liste soll Ihnen helfen, Experimente und die damit verbundenen Gefahren schnell einschätzen und geeignete Maßnahmen beim Aufbau des Experiments und Verhaltensweisen für die Durchführung auswählen zu können.

Bewegliche Objekte allgemein

Was könnten das für Gegenstände sein?
Im Grunde kann fast alles in einem Experiment umfallen oder vom Tisch fallen. Typischerweise handelt es sich bei den Gegenständen z. B. um Bretter von der schiefen Ebene, Stativmaterialien, Lampen und Messgeräte.

Gefahren
Wenn Gegenstände z. B. durch Hebelwirkung, Anstoßen, Zugbelastung (Stolpern über Kabel und Seile) umfallen, sind Defekte für das Gerät und Verletzungen von Personen möglich.

Maßnahmen und Verhaltensregeln
- Standfestigkeit der Gerätschaften testen.
- Standfestere Alternative wählen, z. B. größere Stativfüße oder ein Glasgefäß mit breiterem Boden.
- Schraubklemmen und Muffen zur Befestigung verwenden.
- Geräte – wenn möglich – nicht an den Rand von Tischkanten stellen.
- Kabel so verlegen, dass keine Stolperfallen entstehen.
- Platz zum Experimentieren schaffen, indem Tische und Wege frei geräumt werden.

Rotierende Objekte

Was könnten das für Gegenstände sein?
Typischerweise rotieren bei Experimenten Dreh- oder Schwungräder und elektrische Motoren (z. B. Akkuschrauber, Bohrmaschinen oder Rührmotoren).

Gefahren

Finger, Haare, Kleidung, Kabel etc. können sich in rotierenden Gegenständen verfangen. Rotierende Objekte können sich auch unkontrolliert bewegen, wenn sie nicht richtig fixiert sind.

Maßnahmen und Verhaltensregeln

- Motoren und andere rotierende Gegenständen fest montieren.
- Finger, Kabel etc. von rotierenden Gegenständen fern halten. Nicht in den Rotationsbereich fassen oder hineinzeigen. Bei großen Umdrehungsgeschwindigkeiten keine Versuche zum Bremsen unternehmen!
- Haare zusammenbinden, Schmuck und Schals ablegen, eng anliegende Kleidung tragen.

Glas und Glasgeräte

Was könnten das für Gegenstände sein?

Zu Glasgeräten in der Sammlungen gehören in der Regel Lampen, Reagenzgläser, Kolben oder auch Thermometer. Auch manche Vitrinentüren und Sichtfenster von Messgeräten könnten aus Glas sein.

Gefahren

Geht das Glas kaputt, stellen Splitter eine Gefahr dar. Glasbruch ist durch Temperaturdifferenzen (z. B. beim Einfrieren oder Erhitzen) oder durch Erschütterungen und Stöße möglich. Auch beim Hantieren wie z. B. beim Zusammenstecken von Stopfen und Glasrohren, sind bei Glasbruch ernsthafte Verletzungen möglich.

Maßnahmen und Verhaltensregeln

- Besondere Vorsicht und geeignetes Vorgehen beim Hantieren mit Glasgeräten.
- Ggf. persönliche Schutzausrüstung (Handschuhe) tragen.
- Glasbruch nicht mit der Hand aufsammeln, sondern Handfeger und Kehrblech benutzen.
- Beim Erhitzen und Abkühlen nur geeignetes Glas (→ Recherche der aufgedruckten Hersteller und Typbezeichnung) oder Alternativen verwenden (z. B. Wasser in einem Metalltopf erhitzen, PET-Flasche zum Einfrieren verwenden).

Feuer

Wo könnte Feuer auftreten?

In Experimenten könnten Teelichter, Kerzen, Streichhölzer verwendet werden. Um das Experiment herum liegen manchmal auch brennbare Objekte, wie z. B. Papier oder Stoff. Stromdurchflossene Objekte wie z. B. Kabel, Bleistifte (z. B. für Experimente zur U-I-Kennlinie) und auch Spulen können im ungünstigsten Fall ebenfalls brennen.

Gefahren

Es gibt im Grunde zwei Gefahren: Es brennt etwas, was eigentlich nicht brennen sollte und/oder es wird der Rauch- bzw. Feuermelder ausgelöst, welches einen teuren Einsatz der Feuerwehr und eine Unterbrechung des Schulbetriebs nach sich ziehen kann.

Maßnahmen und Verhaltensregeln

- Feuerfeste Unterlagen wie z. B. eine Keramikfliese oder Metallblech (z. B. Backblech) benutzen.
- Vorzugsweise mit Feuerzeugen anzünden. Streichhölzer bedeuten eine zweite Flamme, die anschließend gelöscht werden muss und Feuersteine funktionieren nicht zuverlässig.
- Rauchentwicklung verhindern und dazu ggf. Fenster öffnen.
- Nicht direkt unter dem Rauch- bzw. Feuermelder experimentieren.

Hitze und Kälte

Wo könnten Hitze und Kälte auftreten?

Neben Herdplatten, Glühlampen oder Gasentladungslampen gibt es auch „versteckte" Wärmequellen wie z. B. Netzteile, Regelelektronik oder Spulen. Trockeneis oder flüssiger Stickstoff sind Beispiele für extrem kalte Objekte. Auch Gefäße oder Verkleidungen (gerade aus Metall) können extrem heiß oder kalt sein.

Gefahren

Durch unerwarteten Kontakt mit sehr heißen oder kalten Oberflächen sind unbedachte Aktionen (Zurückschrecken) möglich, wodurch weitere Unfälle passieren können. Durch die Temperaturausdehnung können auch Gefäße platzen (bspw. Wasserflasche im Tiefkühler).

Maßnahmen und Verhaltensregeln

- Beim Erhitzen von Flüssigkeiten die Gefäße niemals verschließen. Die Gefäße können bersten oder die Flüssigkeit kann „herausschießen".
- Ggf. (dicht anliegende) Schutzbrille, Handschuhe (Thermo- oder Hitzehandschuh) und Schutzkleidung (Schürze / geschlossenes Schuhwerk) tragen.
- Schmuck, v. a. Ringe ablegen.
- Berührungsschutz oder Abstandszonen einbauen.

Magnete

Gefahren

Durch hohe magnetische Feldstärken sind Fehlfunktion von Herzschrittmachern, Defibrillatoren und sonstigen Implantaten möglich. Durch die Anziehung von Magneten können Quetschungen entstehen. Da Magnete zerbrechlich sind, ist beim „Schnappen" von Magneten Splitterflug möglich (besonders bei „Supermagneten").

Maßnahmen und Verhaltensregeln

- Magnete nicht „schnappen" lassen.
- Ggf. Magnet mit Klebeband umhüllen, um (weiteres) Splittern zu vermeiden.
- Beim Hantieren und der Gefahr des unkontrollierten „Schnappens" Schutzbrille tragen.
- Defekte Magnete (v. a. Neodym-Magnete) aussortieren und sachgerecht entsorgen. Die Gefahr von Splitterflug ist bei defektem Material umso größer (◘ Abb. 7.6).

Welcher Magnet eignet sich für welchen Zweck?

Es gibt verschiedene Typen von Magneten, die je-

weils für unterschiedliche Einsatzzwecke geeignet sind (◘ Abb. 7.7). Nachfolgend findet sich eine Übersicht:

- **Ferrit-Magnet:** Rostbeständig, hitzebeständig (250 °C), aus dem Alltag bekannt als „Kühlschrankmagnet", magnetische Feldstärke für viele – aber nicht alle – Zwecke ausreichend.
- **Neodym-Eisen-Bor-Magnet (NdFeB):** Vergleichsweise sehr hohe magnetische Feldstärke, sehr spröde, größere Gefahr für Verletzungen und Defekte.
- **Aluminium-Nickel-Cobalt-Magnet (AlNiCo:)** Weniger spröde und zerbrechlich, vergleichsweise weniger hohe magnetische Feldstärke, v. a. gut für Schülerexperimente geeignet.

◘ **Abb. 7.6** Gesplitterte Magnete sollten mit Klebeband umwickelt oder sachgerecht entsorgt werden

◘ **Abb. 7.7** Von links: Ferrit-Magnet, Neodym-Magnet, AlNiCo-Magnet

Strom und Spannung

Gefahren

Durch einen elektrischen Schlag können schlimmstenfalls Verbrennungen, Herzstillstand und Kammerflimmern hervorgerufen werden. Auch Gerätedefekte durch Kurzschlüsse oder unsachgemäße Bedienung sind möglich.

Maßnahmen und Verhaltensregeln

- Im Notfall den Not-Aus-Schalter betätigen.
- Schaltungen vor Inbetriebnahme stets noch einmal durchgehen und auf Kurzschluss und offene Kabelenden überprüfen.
- Erst Spannungsversorgung ausschalten, dann umstecken (→ kein „live stöpseln").
- Keine Laborkabel in 230V Steckdosen stecken!
- Keine Ringe, Ketten, etc. tragen.
- Zusätzliche Ein-/Ausschalteinrichtung am Tisch einbauen, wie z. B. Mehrfachstecker mit Schalter.

Welche Spannung sollte verwendet werden?

Die Antwort ist pauschal nicht zu beantworten, daher lautet der Ratschlag: so wenig wie notwendig ist. Für Schülerexperimente gilt die Vorgabe, grundsätzlich nur mit nicht-berührungsgefährlicher-Spannung zu arbeiten. Diese beträgt laut DGUV (DGUV, 2012) jeweils für:

- Wechselspannung (AC) $\leq 25\,\text{V}$ (Effektivwert),
- Gleichspannung (DC) $\leq 60\,\text{V}$.

Es ist ratsam, diese Grenzen auch im Demonstrationsexperiment nicht zu überschreiten und am besten deutlich unterhalb zu bleiben, da so die Gefahren minimiert werden.

Elektrische Leitungen und Geräte mit Stecker

Gefahren

Bei Geräten mit einem Kabel besteht generell die Gefahr eines Kabelbruchs oder Steckerbruchs, wodurch Kurzschlüsse möglich sind. Bei defekten Isolierungen sind ebenfalls Kurzschlüsse oder Stromschläge möglich. Es besteht außerdem die Gefahr eines Brands z. B. durch Kurzschluss oder Überhitzung durch zu große Leistungen.

◘ Abb. 7.8   Stecker sollten nie am Kabel gezogen werden, da so Kurzschlüsse und Defekte entstehen können

Maßnahmen und Verhaltensregeln

- Leitungen, Stecker und Geräte sind vorher durch Sicht- und Tastkontrolle auf Beschädigungen zu überprüfen.
- Kabel nur am Stecker ziehen, nie am Kabel selbst (vgl. ◘ Abb. 7.8).
- Laborstecker nicht im Gerät drehen (z. B. damit sie besser rein und raus gehen). Die Kontakte im Inneren können sich lösen und dadurch Kurzschlüsse und Defekte verursachen.
- Keine offenen Kabelenden entstehen lassen.
- Kabel nicht knicken.
- Geräte und Kabel vor Feuchtigkeit schützen (z. B. bei Experimenten mit der Wellenwanne).
- Keine Steckdosenleisten hintereinander stecken. Die zulässige Gesamtstromstärke könnte überschritten werden und Brände verursachen.

Kondensatoren

Gefahren

Kondensatoren können Quellen für gefährlich hohe Stromstärken und Spannungen sein. Elektrolytkondensatoren können bei Verpolung explodieren.

Maßnahmen und Verhaltensregeln

- Kapazitäten der Kondensatoren beachten. Übliche Kapazitäten sind im Bereich nano- und milli-Farad

– alles im Bereich von einem Farad ist bereits sehr viel!

- Kondensatoren stets vor und nach Benutzung entladen. Dies geschieht idealerweise über einen geeigneten Widerstand.
- Nur geeignete Schaltungen zum Laden verwenden.
- Kontakte nicht berühren.

Spulen

Gefahren

Transformatoren erhöhen die Spannung oder die Stromstärke! Somit können aus niedrigen berührungsungefährlichen Spannungen unzulässige berührungsgefährliche Spannungen werden! Zu hohe Stromstärken können Spulen zerstören (z. B. Schmelzen von Isolierungen).

Maßnahmen und Verhaltensregeln

- Verhältnis der Windungen der Spulenpaare stets vorab berechnen, um Faktor für die Verstärkung von Spannung bzw. Stromstärke zu kennen und um die Grenzwerte für berührungsungefährlicher Spannung einhalten zu können.
- Werden Netzgeräte (egal ob Gleich- oder Wechselspannung) zum Betrieb von Spulen (Aufbau von elektromagnetischen Feldern) verwendet, sind diese stets langsam hoch und auf jeden Fall vor dem Ausschalten runter zu regeln. Sie sollten nicht einfach ausgeschaltet werden!

Chemikalien

Welche Chemikalien könnten im Physikunterricht verwendet werden?

Bei physikalischen Experimenten stehen Chemikalien in der Regel nicht im Vordergrund. In einer Sammlung und in Experimenten könnten aber Stoffe wie Isopropanol, Benzin, Terpentin, Öle und Fette sowie Reinigungs- und Lösungsmittel Verwendung finden.

Gefahren

Je nach Stoff ist dieser z. B. gefährlich für Zellen, Augen, Haut oder Atemwege. Die Gefahrstoffpiktogramme bieten einen ersten Überblick.

Maßnahmen und Verhaltensregeln

- Aufgedruckte Gefahrensymbole/-piktogramme sowie H- und P-Sätze beachten.
- Keine unbekannten Flüssigkeiten „probieren" oder „erschnüffeln".
- Im Fachraum und vor allem während des Experimentierens nicht essen oder trinken.
- Nach dem Experimentieren Hände waschen.
- Bei Arbeit mit Säuren stets eng/dicht schließende Schutzbrille und Handschuhe tragen.
- Bei Unfällen, bei denen etwas in die Augen gekommen ist, Augendusche verwenden und unter fließendem Wasser abspülen.
- Flüssigkeiten stets kennzeichnen (Name, Gefahrensymbol, H- und P-Sätze).
- Gesundheitsgefährliche Flüssigkeiten wegen der Verwechslungsgefahr nicht in Trinkgefäße etc. einfüllen (vgl. ◘ Abb. 7.9).

oder

◘ **Abb. 7.9**   Chemikalien sollten nie in unbeschriftete Gefäße oder gar Trinkflaschen gefüllt werden. Worum handelt es sich hier wohl? Die neue Cola-BlueIce?

Druckgase

Wo könnten Druckgase zu finden sein?

Druckgase sind z. B. Propangas in Kartuschenbrennern, Helium oder Stickstoff in Gasflaschen, flüssiger Stickstoff oder auch Leuchtmittel, die unter Druck stehen (z. B. Quecksilberdampflampen und Halogendrucklampen).

Gefahren

Bei ungewolltem Expandieren des Gases droht Erstickungs- und Vergiftungsgefahr. Explodiert das Gefäß, sind zusätzlich auch Verletzungen durch Splitterflug und die Druckwelle möglich.

Maßnahmen und Verhaltensregeln

- Gasflaschen und -hähne nicht unüberlegt öffnen/schließen. Ggf. ist zum Anschluss auch ein Druckminderer notwendig.
- Druckgase (z. B. flüssigen Stickstoff) nicht im Fahrstuhl mit Personen oder im Autoinnenraum befördern.
- Keine Veränderungen an Leitungen oder Geräten vornehmen, keine Apparaturen für Gase selber bauen.
- Druckgase nicht in andere geschlossene Gefäße umfüllen oder dort erzeugen (z. B. flüssiger Stickstoff in Plastikflasche, Brausetablette in Glasflasche).
- Geräte vor Einsatz auf Beschädigung kontrollieren (bspw. Risse).
- Sicherheitsscheiben vor Leuchtmittel mit Druckgasen stellen, Hantieren (z. B. Wechseln, Säubern) nur mit Schutzausrüstung (v. a. Schutzbrille).

Unterdruck

Wobei könnte Unterdruck entstehen?

Bei manchen Experimenten wie z. B. der Vakuumglocke, der Vakuumröhre (Fallröhre) und auch Elektronenröhren (Braun'sche Röhre) herrscht Unterdruck.

Gefahren

Bei Beschädigungen (Risse, abgeschlagene Kanten), unsachgemäßer Verwendung oder bei Materialermüdung besteht Implosionsgefahr und dadurch Splitterflug.

Maßnahmen und Verhaltensregeln

- Geräte vor Einsatz sorgfältig auf Beschädigung kontrollieren (bspw. Risse, abgesprungene Kanten).
- Nur Geräte mit Prüfzeichen und Einsatzeignung verwenden. Vorgegebene Drücke einhalten.
- Vakuumglocke nur mit überstülpbarer Schutzhülle betreiben. Vakuumfallröhre aus Ermangelung an Schutzmöglichkeiten am besten gar nicht betreiben.
- Ggf. Schutzausrüstung verwenden (z. B. Splitterschutzschirm, Schutzbrille).

Licht und Dunkelheit

Gefahren

Bei Experimenten zum Thema Licht wird in der Regel der Raum abgedunkelt. Dadurch besteht die Gefahr von Stolpern und Stürzen. Durch fehlende Orientierung bei Dunkelheit oder durch Blendung können außerdem Stative oder anderen Gefahrenquellen nicht erkannt werden, wodurch Folgeunfälle entstehen können. Bei zu hellen Lichtquellen ist eine Blendung oder dauerhafte Zerstörung der Netzhaut möglich. Zu guter Letzt sind auch Verbrennungen und die Entfachung von Feuer durch Hitze oder fokussierte Strahlen möglich.

Maßnahmen und Verhaltensregeln

- Abdunkelung nur so weit wie nötig.
- Wird es zu dunkel, können Hilfs- und Positionslichter verwendet werden.
- Reflexionen vermeiden (→ u. a. Schmuck ablegen!).
- Strahlungsquellen nicht auf sich oder andere Personen richten und vor allem die Netzhaut schützen!
- Besondere Vorsicht bei hohen Intensitäten und fokussierten Strahlen!
- Bruch- und Splittergefahr bei Lampen (→ u. a. Fingerabdrücke auf Glühlampen vermeiden!).
- Spektrallampen werden heiß und sind sehr empfindlich, ggf. ist auch UV-Strahlung möglich. Vermeiden Sie den direkten Blick und schirmen Sie Reflektionen ab!
- Bei sehr hellen Lichtquellen Hinweisschild aufstellen.

Laser

Gefahren

Prinzipiell ist jeder Laser so zu behandeln, als ob von ihm eine Gefahr ausgehen kann! Ausführliche Regelungen zum Umgang mit Laserstrahlung in der Schule sind in der RiSU (Kultusministerkonferenz, 2019) und in der DGUV Vorschrift 11DA (DGUV, 2007) nachzulesen. Gefahren sind primär durch den Laserstrahl und seine Reflexion gegeben. Sekundäre Gefahren (z. B. beim Laserschneiden) sind die Exposition gesundheitsgefährlicher Stoffe, Explosionen und Brände. Es dürfen nur unterwiesene Personen mit Lasern arbeiten. Im Schulunterricht sollten ausschließlich die niedrigen Laserklassen 1, 1M, 2 und 2M (nach DIN EN 60825-1:2022-07, 2022) verwendet werden.[1]

Maßnahmen und Verhaltensregeln

- Reflexionen vermeiden/verhindern ($\rightarrow$ z. B. Schmuck und Uhren ablegen).
- Unter keinen Umständen direkt in den Laserstrahl blicken.
- Nicht auf den Lidschlussreflex verlassen. Dieser ist ggf. zu träge oder nicht vorhanden.
- Den Laser nur indirekt beobachten ($\rightarrow$ z. B. diffuse Streuung auf Schirm oder an Stück Papier).
- (Hoch-)Energielaser nicht direkt in Quelle zurück-werfen.
- Verkleinerung des Strahlquerschnittes durch optische Instrumente vermeiden. Sollte es notwendig sein, den Strahlquerschnitt eines Lasers optisch zu verkleinern, so ist dies nach Kultusministerkonferenz, 2019 bzw. DGUV, 2007 nur für Laser der Klassen 1 und 2, nicht aber für die Laserklassen 1M und 2M erlaubt.
- Abschirmungen (matte Oberflächen) und Einhausungen verwenden.
- Laser nicht auf Türen, Fenster oder Wege richten.
- Andere Personen auf den Laser und damit verbundene Verhaltensweisen und Gefahren hinweisen und Hinweisschild aufstellen.
- Laser und optische Bauteile gegen unkontrollierte Bewegung und Umfallen sichern ($\rightarrow$ fester Stand, Verschraubungen etc.).

Glühlampen

Gefahren

Bei Glühlampen besteht Bruch- und Splittergefahr bei Beschädigung. Fettabdrücke und Verunreinigungen auf dem Glaskörper können bei starker Erwärmung zu Temperaturdifferenzen und damit zu Spannungen führen, die das Glas zerspringen lassen können!

Maßnahmen und Verhaltensregeln

- (Hochtemperatur-)Glühlampen mit Handschuhen oder Schutzpapier ein- und ausschrauben.
- Lampen mit Glühfäden (v. a. auch Hochdruck-Hg-Lampen) vor Transport abkühlen lassen.

Optische Elemente

Was könnten das für Gegenstände sein?

In der Sammlung gibt es viele empfindliche optische Gegenstände, wie z. B. Prismen, Linsen, Gitter, Spalte oder Farbfilter.

Gefahren

Die Gefahr besteht vor allem für die Gerätschaften selber, da die optische Güte durch unsachgemäßen Gebrauch (Abdrücke, Kratzer etc.) abnimmt.

Maßnahmen und Verhaltensregeln

- Vor Beschädigungen (Bruch und Kratzer) sowie Verunreinigungen (v. a. Fingerabdrücke) schützen.
- Nicht auf optische Flächen fassen (Linsen und Oberflächenspiegel).
- Gegenstände nicht direkt auf ihre optischen Flächen legen (v. a. Linsen und Prismen).
- Mit geeigneten Methoden reinigen und nicht am Pullover abwischen oder Brillenputztücher verwenden ($\rightarrow$ besser z. B. milde Reinigungsflüssigkeit und Mikrofasertuch verwenden).
- Kleinere Verunreinigungen müssen nicht direkt sondern nur bei Beeinträchtigung gereinigt werden ($\rightarrow$ Linse wird durch häufige Reinigung nicht „besser").

Ionisierende Strahlung

Wo könnte ionisierende Strahlung auftreten?

Zu ionisierender Strahlung gehören Röntgenstrahlung, UV-Strahlung (z. B. in Quecksilberdampflampen) und auch radioaktive Präparate.

Gefahren

Durch ionisierende Strahlung sind Zellschädigungen und Folgeerkrankungen möglich.

Maßnahmen und Verhaltensregeln

- Prinzip 3 x A beachten → *Abschirmen, Abstand halten, Aufenthaltsdauer minimieren.*
- Während des Experimentierens nicht essen und trinken.
- Nach den Experimenten gründlich die Hände waschen.

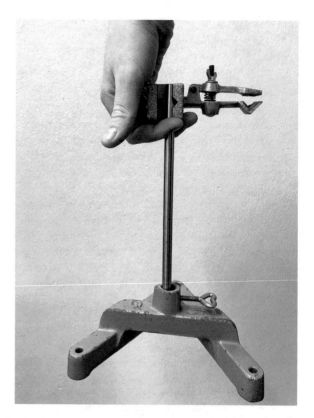

◻ **Abb. 7.10**   Stativmaterial sollte nie zusammengebaut getragen werden

Stativmaterial

Gefahren

Zu vielen Experimenten gehören Stativmaterialien. Hierbei sind Gefahren wie Stoßen (v. a. der Augen), Hängenbleiben und damit Umfallen möglich. Es kann außerdem sein, dass Befestigungen den Kräften nicht standhalten und Geräte durch Einspannung Schaden nehmen.

Maßnahmen und Verhaltensregeln

- Stativmaterial nicht zusammengebaut tragen (◻ Abb. 7.10)!
- Gefährliches Material (Motoren, Laser etc.) sicher aber zerstörungsfrei einbauen und gegen Bewegung sichern.
- Zerbrechliche Gegenstände (Magnete, Gläser, Kolben etc.) nur sehr vorsichtig einspannen oder – falls möglich – nur „auflegen".
- Stangen gerade in Nuten einspannen (vgl. ◻ Abb. 7.11).
- Stangen nicht herausragen lassen und Enden – falls erforderlich – abpolstern. Die ◻ Abb. 7.12 zeigt viele Möglichkeiten hierzu.

◻ **Abb. 7.11**   Beim Einspannen sollte die korrekte Lage der Stangen in der Nut überprüft werden. In diesem Beispiel ist die Stativstange zu weit innen eingespannt worden

Batterien und Akkus

Gefahren

Bei Batterien und Akkus besteht die Gefahr, dass austretende Batteriesäure durch Korrosion die Geräte zerstört. Durch unsachgemäße Lagerung der (leeren und vollen) Batterien können auch Kurzschlüsse und dadurch Brände hervorgerufen werden (vgl. ◘ Abb. 7.13). Bei Akkus sind höhere Stromstärken im Vergleich zur Batterie möglich. Es besteht zudem Explosionsgefahr z. B. bei Lithium-Ionen-Akkus.

Maßnahmen und Verhaltensregeln
- Batterien und Akkus sachgerecht lagern, d. h. v. a. trocken und gegen Kurzschluss gesichert.
- Leere Batterien und defekte Akkus nicht (lange) lagern sondern zügig entsorgen (vgl. ◘ Abb. 7.13).
- Entsorgung nur in Sammelstellen und nicht im Hausmüll (→ Umweltschädliche Stoffe z. B. Hg, Cd, Pb).
- Batterien nach Gebrauch aus selten genutzten Geräten entnehmen.
- Nur Akkus laden, aber niemals Batterien (Explosionsgefahr).

◘ **Abb. 7.13** Batterien sollten – egal ob leer oder voll – nur sachgerecht gelagert werden. Ein Sammeln in großen Kisten kann zu Auslaufen, Kurzschlüssen und letztendlich zu Bränden führen

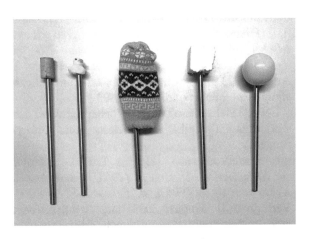

◘ **Abb. 7.12** Manchmal können Stativstangen nicht bündig verbaut werden und stehen über. Es gibt aber vielfache Möglichkeiten, um überstehende Stativstangen zu polstern und besser kenntlich zu machen

Hohe Lautstärke

Gefahren
Durch hohe Lautstärken sind Beschädigung oder Verlust des Gehörsinns möglich. Unerwartete laute Geräusche (Knall) können Personen erschrecken und dadurch Unfälle aufgrund unbedachter Reaktion auslösen (auch Personen außerhalb des Raumes).

Wo könnten hohe Lautstärken entstehen?
Es gibt Experimente mit erwartbaren lauten Geräuschen wie bspw. das Kundt'sche Rohr (Druckkammerlautsprecher) aber auch unerwartete laute Geräusche wie Explosionen bzw. Implosionen (z. B. auch durch platzende Luftballons).

Maßnahmen und Verhaltensregeln
- Lautstärke begrenzen.
- Alternative Experimente durchführen.
- Vor einem erwarteten Knall warnen.
- Gehörschutz tragen (alle Personen).

Der Experimentierbereich im Allgemeinen

Was gibt es zu beachten?

Das Experimentieren fängt bereits vor dem Aufbau und der Materialbeschaffung mit dem Herrichten des Experimentierbereichs an. Durch entsprechende Vorbereitung können schon im Vorfeld viele Gefahrenquellen beseitigt oder minimiert werden, die sonst während des Experimentierens ein Risiko darstellen können. Setzen Sie daher vorab die folgenden Maßnahmen um:

Maßnahmen und Verhaltensregeln

- Schaffen Sie **ausreichend Platz** zum Experimentieren. Räumen Sie dazu ggf. auch Tische, Stühle oder Rolltafeln zur Seite.
- Halten Sie den **Experimentier- und Wegebereich** immer frei. Legen Sie (oder Ihre Lernenden) dort auch keine Jacken und Taschen ab.
- Bauen Sie **keine Stolperfallen** mit Kabeln zu dem Experiment hin. Nutzen Sie vorhandene Steckdosen auf dem Boden oder dem Pult. Müssen Kabel im Wege- und Arbeitsbereich zum Aufbau gelegt werden, sollten diese flach auf dem Boden liegen und fixiert werden.

Die eigene Person

Was gibt es zu beachten?

Manche Unfälle sind auch auf die eigene Kleidung oder das eigene Verhalten zurückzuführen. Prüfen Sie sich selber kritisch und seien Sie ein Verhaltensvorbild für die Lernenden:

Maßnahmen und Verhaltensregeln

- Tragen Sie **geeignete Kleidung** (keine Schals, Bommel, etc.) sowie geeignete Schuhe.
- Binden Sie **lange Haare** zusammen.
- Tragen Sie keinen Schmuck oder legen Sie als automatisches Verhaltensmuster Ringe, Armbänder, Uhren und Ketten beim Arbeiten im Fachraum ab.

Dies können Sie als Vorbild auch vor den Lernenden thematisieren.

- **Essen und trinken** Sie nicht in der Sammlung und dem Fachraum. Neben der Gefahr für die Sammlungsgegenstände (Wasser, klebrige Substanzen, Krümel) geht auch von vielen Gegenständen oder Oberflächen eine nicht sichtbare Gefahr von z. B. radioaktiven Präparaten, Ölen oder Schwermetallen aus.
- **Waschen** Sie Ihre **Hände** nach dem Hantieren mit Experimentiermaterialien (s. vorherigen Punkt).
- Je nach Arbeit sollten (alle beteiligten Personen) **persönliche Schutzausrüstung** tragen (Schutzbrille, Handschuhe, Gehörschutz).
- Steigen Sie niemals auf Tische oder Stühle sondern ausschließlich nur auf (sichere) **Leitern** und Tritte.
- Bei (möglicherweise) bestehender **Schwangerschaften** gelten ggf. besondere Einschränkungen (z. B. maximales Gewicht was angehoben werden sollte, Lautstärke, u. v. m.).

Literatur

DGUV (Hrsg.). (2007). *DGUV Vorschrift 11DA: Durchführungsanweisungen Laserstrahlung.* Verfügbar 31. August 2023 unter ▶ https://publikationen. dguv.de/dguv/xparts/documents/vorschrift11da.pdf

DGUV (Hrsg.). (2012). *Sicher experimentieren mit elektrischer Energie in Schulen: Grundlagen – Gefährdungsbeurteilung – Experimentieren.* Verfügbar 31. August 2023 unter ▶ https://publikationen.dguv.de/ widgets/pdf/download/article/2603

DIN EN 60825-1:2022-07. (2022). Sicherheit von Lasereinrichtungen – Teil 1: Klassifizierung und Anforderungen.

Kultusministerkonferenz (Hrsg.). (2019). *Richtlinie zur Sicherheit im Unterricht (RiSU): Beschluss der KMK vom 09.09.1994 i. d. F. vom 14. Juni 2019.* Verfügbar 31. August 2023 unter ▶ https://www. kmk.org/fileadmin/Dateien/veroeffentlichungen_ beschluesse/1994/1994_09_09-Sicherheit-im-Unterricht.pdf

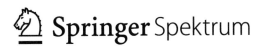

Printed in the United States
by Baker & Taylor Publisher Services